THERE ARE MANY THINGS
WHICH ARE NOT
UNDERSTOOD BY SCIENCE

物理学、
まだこんなに謎がある

小谷 太郎 著
Taro Kotani

はじめに ── ヒトにわかること、科学でわからないこと

本書は、科学で解くことができる問題や、原理的に解けない問題、もう少しで解けそうな問題、ヒトの手に負えない問題について考える本です。

私たちヒトはチンパンジーに近い生物で、ＤＮＡの違いはたった1パーセントといわれます。別の文献には5パーセントとあったので、あまり厳密な数値ではないようですが。チンパンジーがあの風貌の奥に私たちヒトと変わらない知性と意識を秘めていて、人間社会を転覆する計画を練っていたり、知能をテストする研究者を逆にからかっていたり、あるいは児戯《じぎ》を見守る大人のように人類の営みを観察している可能性もないではないですが、おそらくはチンパンジーよりヒトの方が優れた脳をもつといっていいでしょう。チンパンジーもゴリラもボノボもオランウータンも反対はしないと思います。

そしてヒトの優れた脳は、数学や科学を用いて自然界を理解することができます（ヒトの中には数学や科学を用いることができない個体もいるという指摘は無視します）。

だとすると1パーセントのDNAの違いによって、私たちは宇宙を理解する脳をもち、チンパンジーは何を理解し損なったかもわからないという差ができているのです。

これはなんだか恐ろしい気がします。

私たちのDNAがさらに1パーセント違えば、私たちはさらに優れた脳をもち、今私たちを苦しめている難問も瞬時に解けていたかもしれません。

いや、苦しめている問題どころか、私たちが存在さえ知らない問題こそ、そういう優れた脳が取り組む問題でしょう。相対性理論や量子力学がどのような問題に解法を与えるのか、チンパンジーにはおぼろげにも理解できないわけですから。

私たちが理解することなく存在も知らない問題とは、どんな問題でしょうか。生命と宇宙と万物に関する究極の問でしょうか。なにしろ理解できないのだから想像は無益なのですが、私たちの脳は想像せずにはいられません。

ヒトが滅んだあとを継ぐ種族にはそれが解けるでしょうか（本書で紹介する「ゴット推定」という論法を利用すると、ヒトという生物種が西暦7万年から西暦60万年の間に確率50パーセントで滅ぶことが導けます）。

あとを継ぐ種族がヒトより1パーセントだか5パーセントだか優れているとして、そういう究極の答えに到達するため、その種族も科学の手法を採用するでしょうか。それとも科学以外に、もっと効率よく真実に達する方法があるのでしょうか。私たちには使いこなせない方法が。

これも科学では答えられない問題でしょう。

こういった、科学でも答えようのない問題、宇宙を理解する（と思っている）私たちヒトでも手に負えない問題を、これから取り上げ、その意味するところについて考えていきましょう。

残念ながら、2012年現在、そういう不可能問題の答えをずばり示すことはできません。

もし本書を読んで答えに思い至った方がおられたら、ぜひご一報ください。

もくじ

第2章　力学　63

第1章

地球外生命探査

火星年代記——古来、人類は宇宙に自分に似た存在を探し求めてきた

宇宙にいるのは我々だけではない……といいな

よその惑星に宇宙人あるいは生命はいるだろうか、という疑問は、解決する見込みがゼロとはいい切れません。ある日宇宙からの信号が届いたり、惑星探査機の顕微鏡が異星の土壌にうごめく微生物をとらえたりするかもしれません。

そういう日が来たとき、初めて私たちは、地球の生命や人類の知性を本当に理解することができるでしょう。異星の生化学や遺伝や生体の仕組みは私たちと似ているでしょうか、それともまったく違う手法を採用しているでしょうか。私たちが日ごろ当たり前として問うこともない知性や論理のあり方は、宇宙で唯一の解法なのでしょうか、それとも異星には人類が想像も理解もできない知性や論理がありうるのでしょうか。私たちは宇宙で特別

な存在なのでしょうか、それともありふれているのでしょうか。

宇宙人や生物が住んでいるかもしれない天体の候補として、この節では私たちの太陽系の天体、特に火星を取り上げます。地球のとなりの赤い星を私たちはどんな期待を込めて見上げてきたのでしょうか。まだ見ぬ火星人の姿は、天文学や惑星科学の発達にともない進化してきましたが、それと同時に私たちの願望と恐れをも反映してきたのです。

中世ヨーロッパの宇宙観

地球が宇宙に浮かぶあまたの星の一つであることをいつごろ人類は知ったのでしょうか。ルネッサンスが幕を開ける15世紀、万能の天才レオナルド・ダ・ヴィンチ（1452〜1519）は、月と地球が似た星だというアイディアを手稿に書き残しています。その中で、月の輝きは月の海による太陽光の反射だという（間違った）アイディアを「証明」してみせています。

ここでダ・ヴィンチのいう「海」は、月表面を覆う水面のことです。餅をつくウサギや、カニや、男女の顔を連想させる、灰色の領域のことではありません（注1）。

ダ・ヴィンチの着想は時代の観測テクノロジーを飛び越えていて、当時は証明も反証もできない思いつきが多く、そのため外れも多々あります。月の輝きも残念ながらダ・ヴィンチの考えたような水面の反射ではなく、岩石や砂の乱反射によるものでした。

ダ・ヴィンチはメモ魔で、本業の美術の考察や哲学・科学の思いつきから買い物リストまであらゆることが記録された、手稿と呼ばれる膨大なメモを残しました。しかしそれはどういうわけか暗号めいた鏡文字で記され、おそらくダ・ヴィンチの思いついた順に無秩序にページに押し込まれ、内容の奇抜さとあいまって、読者の理解をけんもほろろに拒絶する代物でした。もっともその恐ろしく不親切で難解な手稿こそ、ダ・ヴィンチ研究者にとっては、何世代にもわたる（いまだに終わらない）解読作業という喜びを意味しているわけですが。

月は海も波もある、地球に似た世界だというダ・ヴィンチの思想は、雑多なアイディアとともに手稿に記され、後世のダ・ヴィンチ研究者に発見されるまで眠っていました。そうして300年のち、それを解読した研究者を驚かせるのですが、そのときにはダ・ヴィンチの月に関する優れた考察は、すでにガリレオ・ガリレイ（1564〜1642）など他の天文学者によって独立に発見・発表されていました。

どんなに優れた研究も、発表されなければ、科学に寄与しないという教訓です。ともあれルネッサンスのころには、少なくともヨーロッパのインテリ層には、地球が一つの星であることが知られていたようです。

そして17世紀には驚異の観測装置、望遠鏡が発明されました。望遠鏡の視野の中で、それまで明るい点にすぎなかった金星は月のように満ち欠けし（球形の証拠）、なめらかな月の表面には山あり谷ありのパノラマが広がり、木星の周りは衛星の群れがくるくるとめぐって、まるでミニチュア太陽系のようなありさまでした。人々は夢中になってアイピースの中の暗くぼやけた星像に目を凝らし、スケッチし、そこに地球のような世界を想像しました。

（注1）月表面の、餅をつくウサギや、カニや、男女の顔に見える、いわゆる「月の海」の正体は、黒っぽい玄武岩質の土地です。一方「陸」は、白っぽい花崗岩質の土地です。偶然ですが、「月の海」は標高が低く、「月の陸」は高くなっています。もし月に水面があれば、「月の海」は実際に海になっていたでしょう。

ケプラーの夢と災難

さて宇宙に地球のような星がたくさんあるなら、そこにはどんな世界が広がり、どんな生き物や住人がいるのでしょうか。太陽系の姿が明らかになると同時に、人々はそこの住民について想像をめぐらし始めました。宇宙人の創造です。

異星の生命を最初に「科学的」に描写したのはヨハネス・ケプラー（1571〜1630）の小説『ケプラーの夢』といっていいでしょう。ケプラーは当時随一の天文学者で、惑星の運動を精密に調べあげ（たティコ・ブラーエの記録を調べあげ）、惑星の軌道が「ケプラーの法則」にしたがうことを発見しました。このケプラーの法則がニュートンにニュートン力学を作らしめたのです。

『ケプラーの夢』は、ストーリーと呼べるほどのストーリーはなく、主人公が見た夢の中に出てきた本の中で、精霊が月世界についてだらだら説明するという内容です。短編ですが、本文の4倍の原注がついています。もってまわったメタ構造をもちながら、その構造がまったく小説のできに貢献していません。まあケプラーは偉大な天文学者なので、小説が下手くそでも全然問題ありませんが。

本の中の精霊の説明では、月世界の生物は短い寿命と巨大な体をもちます。ケプラー自身の注によると、生物の寿命はその星が主星をめぐる周期（月なら29・5日、地球なら365・25日）によるので、月世界の生物の寿命は短いそうです。また月の自転周期は地球の30倍も長いので、月の生物は大きく成長するのだそうです。あまり説得力のある根拠ではありませんが、月世界の生物を天文学的に説明するところが天文学者らしいといえるかもしれません。小説の他の部分は、月世界の日周運動やそこから見た地球など、天文描写が大部分を占めます。

一説によれば、夢の中の本の中の母子はケプラー自身とその母をモデルにしていて、あるいはモデルにしていると当時思われ、これがケプラーの母が魔女裁判にかけられるトラブルを呼んだということです。本の中では母が呪文で精霊を呼び出すくだりがありますが、このあたりが告発の口実とされたのでしょうか。

まだ中世のルールが生きている17世紀ドイツの魔女裁判はまったく冗談事ではありません。もともと根拠のない裁判だからこそ、正論は通じません（正論が通用するなら魔女の容疑者はみな無罪です）。拷問は正当な訊問のプロセスとみなされています。有罪判決なら公開処刑です。

ケプラーの母は、息子の必死の弁護活動により、無罪となりましたが、勾留体験が命を縮めたのか、まもなく世を去ってしまいます。その後ケプラーは原稿に注を書き加え続け、『ケプラーの夢』はケプラーの死後の1634年に出版されます（手稿はそれ以前の1609年に流通し、ケプラーの母の魔女裁判に利用されました）。

ヨハネス・ケプラーの法則

ヨハネス・ケプラーはドイツの数学者兼天文学者兼占星術師です（当時、天文学と占星術の区分は明確でありませんでした）。

駆け出しのころから野心的だったケプラーは、太陽系の構造を表すモデルを色々探し求めました。太陽を中心とする正多面体がいくつも入れ子になって回転する、なんだか神秘主義的な香りのするモデルを試したりしていましたが、当然のことながらうまくいきませんでした。

1609年、師匠ティコ・ブラーエ（1546～1601）の観測データを解析し、惑星の運動についての「ケプラーの法則」（の最初の2法則）を発表しました。

ケプラーの第一法則は、「惑星は太陽を焦点とする楕円軌道を描く」というものです。コペルニクスの地動説は当時受け入れられつつありましたが、コペルニクスのオリジナルの説では惑星の軌道を円としていました。天文学者は精密な観測データが円軌道と合わないので困惑していました。ケプラーの第一法則は、この問題を解決するものでした。惑星は円ではなく、ややひしゃげた楕円を描いて太陽をめぐるのです。

第二法則は、「惑星と太陽とを結ぶ線分が単位時間に掃く面積は一定である」というものです。

惑星は楕円軌道にしたがって、太陽からちょっぴり遠くなったりちょっぴり近くなったりします。遠くなるときは遅く、近くなるときは速くなるというのが第二法則です。これは、ニュートン力学のことばを使うと、角運動量の保存則です。

第三法則は第一と第二から10年ほど遅れて発表されました。「惑星の公転周期の2乗は、軌道半径の3乗に比例する」という、なにやら数学的な法則です。

水星や金星や地球や火星など、太陽に近い軌道をめぐる惑星は、木星や土星など遠い惑星に比べて速いスピードで宇宙を突進します。ケプラーの一見難解な第三法則は、この関係を表したものです。

ニュートン力学を知っている私たちにはこの第三法則の意味が明瞭にわかります。惑星を引っ張り回す太陽の重力は、距離の2乗に逆比例します。そういう逆2乗則の力にしたがう物体は、まさしくケプラーの第三法則が述べるような運動をするのです。

ただしケプラーはこの第三法則を、占星術の法則として占星術の本の中で発表しました。ケプラーはまだ占星術にこだわっていて、和音や正多角形を表す数字が惑星の運行をも説明するのではないかと考え、いろいろ無駄な計算を（晩年まで）しました。

ケプラーは数学や天文学や光学に貢献するとともに、宮廷の占星術師として神聖ローマ皇帝ルドルフ二世に助言し、政治に介入しました。そのため時には政変に巻き込まれ、追放を経験したりもしました。ケプラーは最後の大物占星術師と呼べるでしょう。

ケプラーの時代からまもなく、天文学は占星術と決別し、望遠鏡を用いる精密科学に生まれ変わります。

鏡に映った宇宙人

『ケプラーの夢』以降、天界の住人はフィクションにしばしば登場するようになります

(ケプラー以前、異星人が登場するファンタジーはなかったわけではありませんが。日本にも『竹取物語』という先例があります)。

小説の主人公たちは、たちのぼる朝露を推進力にしたり、大砲で発射されたり、あるいは単に高くはね飛ばされて、適当な移動手段で月や星を訪れてそこの世界を見聞します。ケプラーほど科学考証に気を使わない作家は、主人公に太陽人と会わせたりもします。

そういう小説に登場する典型的な月人や太陽人は、ヨーロッパやアメリカの事情にやけに詳しくて、地球人の制度や政治が異星の基準に照らしてどんなにおかしなものか、流暢な英語やフランス語で批評します。

これではまるで異星人の扮装をした欧米人ですね。異星人の一見異質な社会も、彼らがヨーロッパやアメリカの文化を知って、意図的にそれと対照的な暮らしをしているかのようです。

でもそれは現在の小説や映画や漫画やテレビドラマやビデオ作品でも同様で、友人や敵や侵略者として登場する異星人のほとんどは、姿形の異なる地球人のような行動をとります。異星人を、文化の異なる地球人に置き換えても成立する物語ばかりです。

結局、フィクションに登場する異星人たちは、ごく稀な例外を除いて、私たち人間の鏡像か戯画にすぎません。地球人と異星人の交流や戦いや愛憎や、あろうことか恋愛や婚姻交雑まで筆を滑らせて描写しちゃう作者の意図は、ありふれた風刺や人間ドラマのパターンに新味を添えたいという程度でしょう。もっとも400年の長きにわたってそういう香辛料として使われ続けた異星人に、もはや新味は感じられないかもしれませんが。

今も昔も、真に異質な生物や知性を想像することは困難です。描写できたとしても、読者視聴者の共感を得るのは難しいでしょう。つまりなかなか売れません。

筆者はそういう状況や作品を批判しているわけではありません。理解不能な異星人が理解不能な行動をとるフィクションばかり生産されても、誰の得にもならないでしょう。

口直しに、というわけではないですが、作者が果敢にも、読者の期待も編集者の要請も顧みず、人類の理解を超越した異星人の創造に取り組んだ作品をいくつか挙げておきます。

スタニスワフ・レムの小説『ソラリスの陽のもとに』（1977、飯田規和訳、早川書房）には、「惑星ソラリスの海」という、人類と対話不能な知性（？）が登場します。商業的にも成功し、何度か映画化されています。

スタンリー・キューブリック監督の映画『2001年宇宙の旅』（1968）にも、やはり人類にははかりしれない異星の知性（？）が現れ（？）ます。はかりしれないので、異星の知性なのかどうか観客にもはっきりわからないところがミソです。

ブライアン・オールディスのショート・ショート『コンフルエンス』(『年刊SF傑作選7』1976、創元社、所収)は、異星語の辞書という体裁で、異星の思考を表現する実験小説です。

スキアパレリの火星スケッチ

さて人間の創造する物語のパターンは時代を経てもさほど変化しないようですが、太陽系の知識は時代とともに蓄積されました。

月はどうも大気もない不毛の星のようですが、火星は地球に似た世界のようです。火星は太陽から4番目の惑星です。地球が3番目なので、太陽からの距離は大きくは違いません。大気もどうやらあるようです。ならば、そこには地球と似た世界が広がっているのではないでしょうか。

イタリアの天文学者ジョヴァンニ・ヴィルジニオ・スキアパレリ(1835〜1901)は、ケプラーの原始的な手作り望遠鏡から格段に進歩した望遠鏡を覗き込みました。接眼鏡の中の火星は赤い円盤として見え、目を凝らせば細かい模様も浮かび上がりそうです。スキアパレリはまばたきする間も惜しんでゆらめく赤い円盤を睨《にら》み、模様が鮮明に見える一瞬をとらえて鉛筆でスケッチしました。

人間の手によるスケッチという記録手法は、写真に比べて優れている点もあります。望遠鏡の写し出す天体像は、風や大気の揺らぎによってゆらめき、ぼけ、秒ごとに姿を変えます。そういうきまぐれな観測対象を記録するのに、写真なら莫迦《ばか》正直にぼけたりぶれたりした像を撮るだけです。しかしスケッチなら、ぼけとぶれを補正し、ノイズを取り除き、大気の擾乱《じょうらん》が静まった瞬間をとらえてクリアな観測データを得ることができます。ヒトの脳がそれをやってのけます。

そしてスケッチの名人となると、常人には接眼鏡の中の小さな円としか見えない天体の細部のスジや斑点や濃淡やさらには動きまでを、驚異的な分解能と精細な筆致で描き出します。

筆者もそういう達人と並んで天体観測をした経験がありますが、その名人芸の美しさ細かさは驚くべきもので、思わず自分のスケッチを後ろに隠したくなりました。

けれどもヒトの脳によるそういうデータ補完と補正プロセスには、主観が入り込む可能性があります。

寒さをこらえコーヒーを何杯も飲んで眠気を振り払い、一瞬大気が澄む瞬間を待って接眼鏡に目を押しあてる幾晩もの果てにスケッチされたスジや斑点や濃淡が、他の誰にも追随できない精度に達すると、それが実際の火星の山河の描写なのか、疲れた脳が創った幻影なのか、もう本人にもわかりません。

達人スキアパレリが1888年に発表した火星地図には、海や川や直線状の溝といった火星の地形が驚くべき細部まで描き込まれていました（次ページ図参照）。

火星人、ロンドンを侵略

スキアパレリの見事すぎる火星地図は、アメリカに伝わるどこかで翻訳者の創意が加わって、さらに「完成度」が高まりました。

イタリア語の「溝（カナーリ）」には、運河という意味もあります。そしてその報告がフランス語を経て英語に訳される途中で、溝の意味が落っこちて「運河（キャナル）」とされてしまいました。スキアパレリの火星地図の英語版には、惑星表面を縦横に走る運河

スキアパレリの火星地図

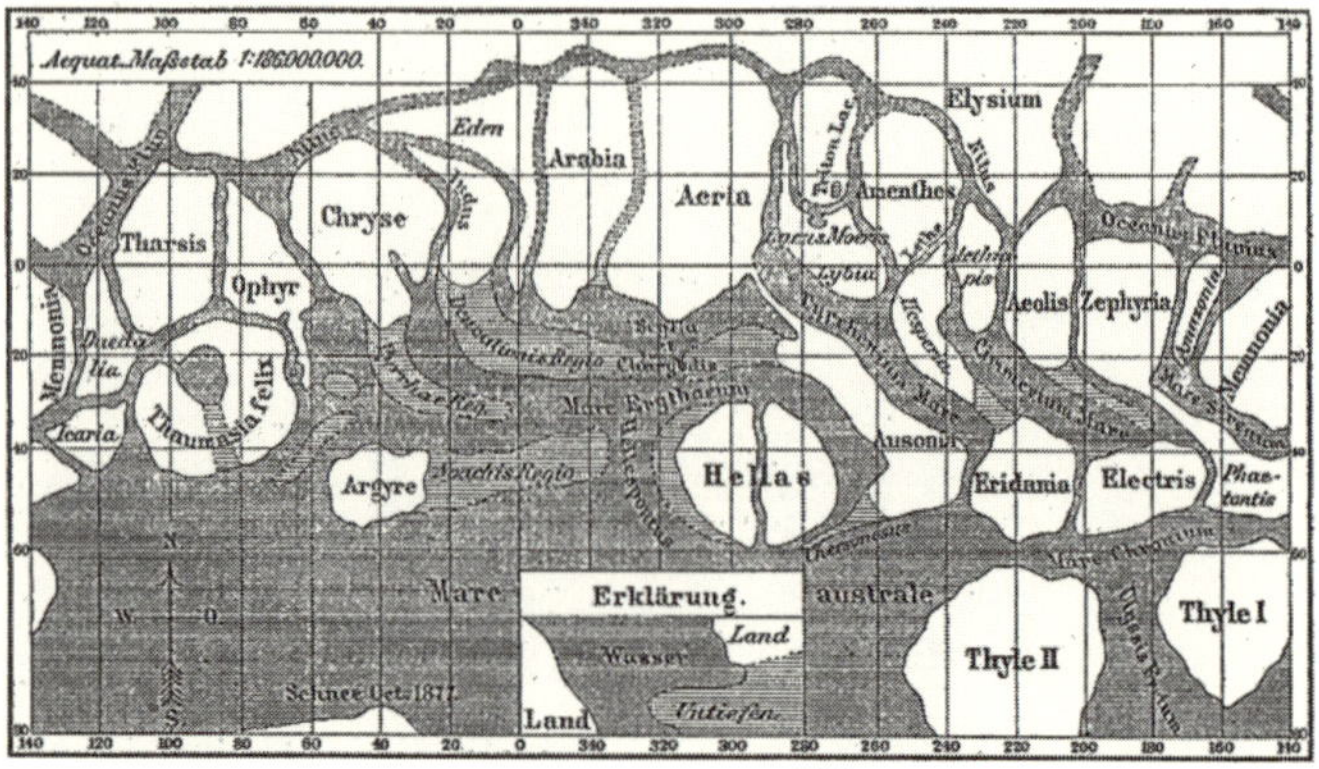

達人スキアパレリが 1888 年に発表した火星地図には、海や川や直線状の溝といった火星の地形が驚くべき細部まで描き込まれていた。

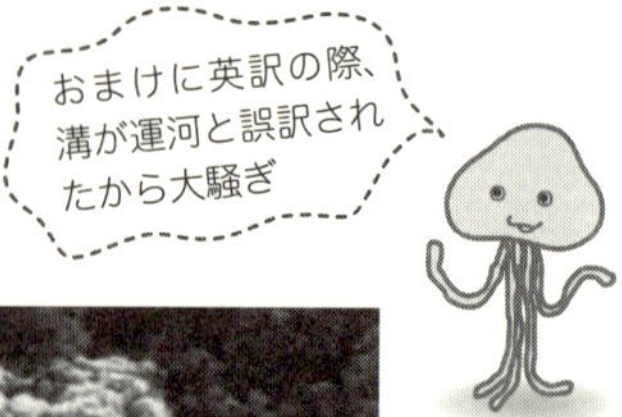

45 億年前の火星から来た隕石 ALH84001 の顕微鏡写真には、微生物が作ったような、つぶつぶ構造が見つかった。（NASA 提供）

が記載されていたのです。

火星に運河があるという（だいぶ作為の混じった）報告は英語圏の人々に衝撃を与えました。人々は興奮し、コーヒーやコーラを飲みながら、火星人の存在を議論しました。

天文学者の中にも、火星人の存在を信じる者が現れます。

アメリカの天文学者パーシヴァル・ローウェル（1855～1916）は、熱心な火星人信者で、資産家で、私設の天文台をもっていました。

当時、ローウェル天文台の研究者はローウェルの指導のもとで火星を観察し、スケッチしました。彼らのスケッチには、季節によって変わる植生や人工的な地形など、次々と火星の生命の証拠が描き出されました。そうした報告は学術雑誌に投稿されました。

おそらくそうした細部が見える達人はコミュニティの中で尊敬され、見えない未熟者は見えてくるまで必死にこの小さな天体に目を凝らしたのでしょう。

こうして19世紀末には、火星人の生命の存在が、研究者の間でも真剣に議論されたのです。

最新天文学が火星人の存在を肯定したとあらば、それが人々の創造性を刺激しないわけがありません。

H・G・ウェルズの1898年の小説『宇宙戦争』は火星人が攻めてくる話です。

火星人は、地球を代表する大英帝国を襲います。当時、大英帝国は地球でもっとも強力な軍事力を有していましたが、火星のテクノロジーはこれを圧倒し、首都ロンドンを蹂躙《じゅうりん》します（先に述べたとおり、フィクションに登場する異星人は私たちとそっくりな行動をとります）。

この小説に登場するタコ型の火星人は、重力の弱い火星に適応した生物と説明され、強大な地球の重力の下では動作が不自由です。当時の天文学や生物学の知識が（やや恣意的に）応用された、なんだか科学的な印象を与える創作です。当時の、天文学的発見に刺激された人々の要望に応えるには、この程度の科学考証が必要だったのでしょう。

このタコ型の生物はすっかり有名となり、現代でも火星人あるいは異星人の記号として通用します。

一転、絶滅危惧種へ

ポップカルチャーが火星人で沸く一方、望遠鏡の製作技術はどんどん進歩しました。大口径のレンズや反射鏡を備える大型望遠鏡が競って建造されました。

大口径のレンズや反射鏡は、それだけたくさんの光線を集めるので、より暗い天体が観測できます。小口径の望遠鏡で天体を大きく拡大しても、暗くて細部がわかりませんが、大口径なら明るいので拡大率も上げられます。

拡大率が大きければ、望遠鏡がわずかにずれても、狙いの天体は視野の中でビュンビュン跳ね回ります。大きくて重いレンズや鏡を天体に向けて精確に固定する機械装置が開発されました。

また、風が当たっただけで望遠鏡はゆれてしまうので、風よけのドームで望遠鏡本体を囲う必要があります。夜空を見るにはドームに開けられた小さな窓で十分です。そうなると、望遠鏡の動きに合わせてドームを動かす機械装置が必要になります。

こうして望遠鏡は世代ごとに巨大化していき、ドームは天文台のシンボルとなりました。

そういう高性能の望遠鏡が建造されてみると、あれほどはっきりスケッチに残された運河が、どうも鮮明に見えてきません。火星に模様はあることはあるのですが、壮大な土木建築を思わせるようなものではなく、緯度にしたがってなだらかに濃淡が変化するようなつまらない模様です。スキアパレリやローウェル天文台の報告はいったいなんだったのでしょうか。天文学者は接眼鏡から目を離して困惑しました。

どうやら火星には海も陸もなく、地球や木星のような目立つ気象の変化もないようだ、というがっかりする結論に、研究者の大勢《たいせい》は傾きました。火星人なんて莫迦莫迦《ばかばか》しいものがいるわけない、火星スケッチは最初から怪しいと思っていた、だいたい運河なんてスジの誤訳にすぎないよ、という声が高まりました。

20世紀後半になると、人々の宇宙に関する知識欲は、巨大な望遠鏡を建設するだけではもはや飽き足らず、宇宙へ観測装置を送り込むようになりました。

1976年、火星にバイキング探査機1号と2号が着陸し、砂漠のような地表のデータを送ってきました。(水の痕跡は見つかりましたが）草もこけも見当たりません。微生物検出器も否定的な結果を出しました。火星に生物を期待していた人々はちょっとがっかりしましたが、他にすばらしい火星データがとれたので研究者はよしとしました。

『宇宙戦争』のタコ型火星人は、地球の病原菌に感染して全滅してしまいましたが、フィクション中の火星人も、火星の厳しい現実が明らかになるにつれて衰退しました。

火星人はこのまま絶滅してしまうのでしょうか。

火星隕石と火星探査

20世紀も終わりに近い1996年、火星人復活を予感させる報告がもたらされました。

火星から来たとおぼしき隕石《いんせき》ALH84001を子細に調べたところ、生物起源を思わせる構造が見つかったというのです。世間は何度目かの火星ブームに沸きました。

隕石というのは宇宙から降ってくる石ですが、降ってくる前は何億年も太陽系の中を漂っていたものです。隕石の中には、太陽系ができたときから漂っている古いものもありますが、火星や月や他の太陽系内天体が起源のものもあります。過去に他の天体から、火山の噴火や、別の大隕石の衝突によってはじき飛ばされ、ふらふらと宇宙をさまよった果てに地球にたどり着いたものです。

そうして地球の表面に激突して、さらに月日がたち風雪をへたのちに拾われ、分析され生まれ故郷を推定され、顕微鏡で調べられた無数の隕石のうちの一つがALH84001でした。NASAのデヴィッド・マッケイ博士（1936〜）によれば、45億年前の火星から来たALH84001の顕微鏡写真には、微生物が作ったような粒々構造があるというのです（28ページ図参照）。

そういえば、火星探査機が上空から撮った写真には、干上がった海のような地形が写っています。45億年前の火星は海があり、生物がいる、豊かな世界だったのかもしれません。残念ながら現在火星の海は完全に干上がってしまいましたが、地中には（火星人は無理としても）微生物が生き残っているかもしれません。

マッケイ博士の発見のあと、火星ブームが再燃しました。メディアはこの発見を大々的に報じ、火星探査機が続々と予算をつけられて火星へ飛び立ちました。

たとえばアメリカでは、1976年のバイキング探査機のあと、1996年のマッケイ博士の報告までの20年間、火星探査は行なわれていません。探査機は1機打ち上げられたのですが、火星到着寸前に通信が途絶し、火星のデータを送ることに失敗しています。

けれども1996年の火星隕石の微生物（？）の発見から5年の間に、アメリカだけで

5機、日本で1機、ロシアで1機の計7機が打ち上げられました。これは火星ラッシュといえるでしょう。

ただしそのうち火星に到着してデータを送るのに成功したのは3機だけで、日露の2機をふくむ4機は、打ち上げに失敗したり、火星表面に着陸するはずが激突して壊れたりで、関係者をがっかりさせる結果に終わりました。火星探査・宇宙探査は成功率の低い、困難なミッションなのです。

さて火星隕石ALH84001の生物痕ですが、現在では、これは微生物によるものではなく、別の原因によるものだろうと考えられています。微生物にしては、大きさなど、不自然な点がいくつかあるというのが多くの研究者の意見です。そうなるとALH84001の報告は、火星に生物がいてほしい人々の願望によって創られた第2の火星地図なのだろうかという気がしてきます。

ALH84001はどうも微生物の証拠にはならないようですが、人々の火星への期待はおさまっていません。現在でも火星ミッションは、世界で1年に1機程度の率で打ち上げられ、この瞬間も、着陸機が火星表面の石をひっくり返したり土をほじったり、機械の辛抱強さで生き物を探しています。やがて顕微鏡の中に今度こそ本物の微生物が現れるかもしれません。そう信じる研究者も大勢います。

地球外知性と文明の寿命 ― ドレイクの式とゴット推定

異星人レッドデータ

さて我々の隣人、火星の生命は、欧米の言語をあやつり文明批評をしてのける火星人から、地中に隠れ潜む微生物まで退化してしまいましたが、視野を広げて銀河系を見渡すと、そこには1000億もの恒星が散らばります。恒星というのは私たちの太陽のような光輝く星で、その周りの惑星を照らし、温め、エネルギーを注いでいます。1000億の恒星の中には地球のような惑星を従えたものがあり、そこには文明を発達させた宇宙人が住んでいるのではないでしょうか。

この節では銀河系内に宇宙人を探す試みについて見てみましょう。火星人の探求と同様、銀河系内の宇宙人の探索も独特の歴史と論理をもちます。

ただし先に結末をばらしてしまうと、残念ながら人類の存続している間にそういう宇宙人と接触する見込みは非常に低いと思われます。

ドレイクの式

1961年、地球外知性の探査をテーマに掲げた会議がアメリカで開かれました。英語だと、Search for ExtraTerrestrial Intelligence、略してSETI《セチ》です。学術研究のテーマとして「宇宙人（spaceman）」ではあんまりなので、「地球外知性（ExtraTerrestrial Intelligence）」といい換えたのです。

その会議の席上、フランク・ドレイク現カリフォルニア大サンタ・クルーズ校名誉教授（1930〜）は、異星の文明の数を表す式を発表しました。次ページに示します。

この式を用いて、ドレイク名誉教授は銀河系の通信可能な異星文明の数を10種と見積もりました。

ただしここにふくまれる数値のほとんどは信頼できる観測データがないので、10種という数はあてずっぽうに近いです。

銀河系の通信可能な異星文明の数
　＝銀河系で１年間に生まれる恒星の数
　×恒星のうち惑星系をもつ割合
　×惑星系にふくまれる居住可能な惑星の数の平均
　×居住可能な惑星のうち生命が発生するものの割合
　×生命が発生した惑星のうち知性が発達するものの割合
　×文明のうち信号を宇宙に発するものの割合
　×文明が存続して信号を発し続ける年数

この式は、実際に宇宙人を探すのに役立つ理論というより、むしろ頭の体操かパズルか、もしくはＳＥＴＩの宣伝、あるいは冗談として受け取るべきでしょう。

ともあれ、ドレイク名誉教授は10種という数字を出すのに次のような数値を使いました。

銀河系で１年間に生まれる恒星の数は10個、恒星のうち惑星系をもつ割合は50％、惑星系にふくまれる居住可能な惑星の数の平均は２個、居住可能な惑星のうち生命が発生するものの割合は１００％、生命が発生した惑星のうち知性が発達するものの割合は１％、文明のうち信号を宇宙に発するものの割合は１％、そして文明が存続して信号を発し続ける年数として１万年です。だいたい、あとのほうの数値ほど、測定や推定が難しく誤差が大きいと思われます。つまり、あてずっぽう度が高くなります。

銀河系の通信可能な異星文明の数とは、つまり夜空の星のうち、私たちに今通信電波を送ってきているものの数です。無数の星のうち10個くらいそういうものがあって私たちに挨拶を送信しているのかもしれません。それを得るために必要なのは、精確にその方向に高感度アンテナを向け、電波信号を解読するだけなのかもしれません。というのがドレイクの式の主張です。

CQ、CQ、こちら地球

銀河系の通信可能な異星文明が10という数字は、10もあると喜ぶか、10しかないと嘆息するか、人によって反応は違うでしょうが、ともあれ人々の目を宇宙に向けさせるきっかけになりました。この銀河系には、宇宙人が10種もいるとカガクシャが保証したというわけです。

その数字が正しいなら、夜空の全ての星からの電波を調べれば、10個ほど宇宙人の信号が検出されるはずです。が、夜空の全ての星を調べるのは、「言うは易《やす》く行なうは難《かた》し」

の極致です。高感度アンテナによる全天探査はドレイクの式から50年後の現在も達成できていません。

銀河系の中の恒星は、近いもので数光年、遠いものだと数万光年離れています。数万光年先に地球に似た異星文明があって、テレビ放送やラジオ放送や携帯電話や各種通信電波をやかましく放射していたとしても、それを検出するには極めて感度のよい受信機が必要です。じつをいえば、これまで異星電波探査に使われたけっこう感度のよい電波望遠鏡でも、10光年離れたら地球の電波を見つけられません。私たちは日ごろ電波を全身に浴びつつ電話したりメイルをやりとりしたりテレビを観たりネットにアクセスしたりしていますが、その電波は宇宙の広さを越えて異星に届くほどではないのです。

異星人のテレビ放送や通信電波を検出するためには、超高感度のアンテナと受信機を用いて、空の広い範囲をしらみつぶしに探さないといけません。

あいにく、高感度のアンテナは、視野が狭いという性質があります。空の一点だけを集中して観測することで高感度を達成しているので、当然なのですが、ＳＥＴＩにこれは都合が悪いのです。

解決策としては、そのようなアンテナをたくさんたくさんたくさん用いるか、あるいは視野が広くて感度の高い特殊なＳＥＴＩ専用電波光学系を開発するか、いずれにせよ高額の予算がいります。ついでにいうと、北半球からは南天が見えないので、全天探査のためには北半球と南半球両方に望遠鏡を建設しないといけません。

結局、これまでのＳＥＴＩは、感度の低いアンテナで空の広い領域がざっとなぞるように見られたか、あるいは中程度の感度のアンテナで引っ掻いたようなわずかな部分が調べられただけです。

ＳＥＴＩにかかわる研究者の、技術的な努力と、予算を獲得するための政治的な戦いは終わりません。

ケプラー探査機の夢

電波望遠鏡によるＳＥＴＩの原理は、ドレイクの式が発表された50年前からほとんど変わっていません。当時も今も、大きくて高感度の望遠鏡でたくさんの星を探索することが必要です。

けれどもドレイクの考察以来50年間の技術の進歩は、これまで存在しなかった原理の観測装置や観測手法を人類に与えました。画像をデジタル処理できる撮像素子ＣＣＤ、観測中にレンズの形状を変えて大気の揺らぎを打ち消す光学補償技術、いっそ大気にじゃまされない衛星軌道で観測を行なう天文衛星、レーザーやＧＰＳを用いる位置測定、高速情報処理など、どれも天文学を革新するテクノロジーです。

観測手段の変化にともないＳＥＴＩも変わりました。もうＳＥＴＩの武器は大型電波望遠鏡だけではありません。

たとえば、２０１２年現在活躍中の観測衛星ケプラーは、多くの恒星を同時に撮像し、その光の変化から、惑星を探し出す能力をもちます。惑星の中には、恒星の前を周期的に横切り、恒星の光をごくわずか周期的に変化させるものがあり、ケプラーはこれを検出するのです。

ケプラーはまだ観測を始めたばかりで、その真の成果はこれから徐々に発表されると思われますが、すでに数万の恒星を走査し、数千の惑星を発見しました。中には地球に似た惑星も１００近く見つかっているということです。

近隣の恒星系に惑星を探す手法はここ10年ほどで急激に進歩しました。それまで、惑星といえば水星から海王星までの太陽系の惑星しか人類は知りませんでした。けれども、

ＣＣＤや光学補償など革新的技術を用いることにより、20世紀の終わりごろから、よその恒星系の惑星が次々発見されました。たとえていえば、裏庭しか知らなかった子供が、望遠鏡をもらってよその家の秘密を発見するようなものです。惑星探査は21世紀の新しい天文学といっていいでしょう。

よその惑星についてその質量や主星からの距離がわかると、私たちの太陽系の生成について理解が格段に深化します。太陽系の惑星しか知らなかったころには、主星に近いところに水星や金星や地球や火星のような小さな岩石惑星ができて、遠いところに木星や土星や天王星や海王星のような大きなガス惑星や氷惑星ができるというような漠然としたアイディアでも間に合いました。けれども主星に近いところに木星の何倍もあるような巨大惑星がめぐっている系などが見つかると、もっと現実的な恒星系生成機構を考えなくてはなりません。

そしてもちろん、よその恒星系についてわかると、それまであてずっぽうだったドレイクの式の数値がいくつかがより正確に測定できます。

ケプラー探査機の（まだ出されたばかりの）結果によると、１万５０００個の恒星を調べて１３２５個の惑星が見つかり、そのうち68個は地球サイズで居住可能といえそうです。

つまり、恒星のうち惑星系をもつ割合×惑星系にふくまれる居住可能な惑星の数の平均＝０・００５個というわけです。ドレイクによる最初の見込みの、恒星のうち惑星系をもつ割合×惑星系にふくまれる居住可能な惑星の数の平均＝１個というのはずいぶん楽観的な数値だったのかもしれません。

ケプラー探査機のデータはこの原稿を書いている最中にも解析中で、その値は今後変わるはずですが、それにしてもケプラーはドレイクの夢をかなりしぼませます。ドレイクの式の他の数値がもし正確なら（たぶん正確ではないですが）、この銀河系に通信可能な異星の文明は地球だけということになります。

ゴット推定

ドレイクの式には、生命が発生した惑星のうち知性が発達するものの割合だとか、文明のうち信号を宇宙に発するものの割合だとか、文明が存続して信号を発し続ける年数などという、それこそ異星人１００種族くらいに聞いてまわらないとわからない数字がふくまれています。こういう数字がふくまれているので、ドレイクの式は本当に役に立つ理論だとはまあ誰も思ってないわけです。

私たちの文明が何年間存続して電波を発信し続けるかと聞かれたら、当て推量で答えるしかないでしょう。ドレイク名誉教授自身は当て推量で1万年間と代入しましたが、もっと悲観的な人は100年間とか1000年間とか短い期間を、楽観的な人は何億年間もの値を口走るでしょう。

こういう誰も答えられない質問に、無理にでも推定値を与える方法を、ジョン・リチャード・ゴット三世プリンストン大教授（1947〜）という、なんだかどこかの王様かドロボーさんのような名前の研究者が思いつきました。ちなみに、ゴット教授はタイム・トラベルを研究対象としています。

ドイツがドイツ連邦共和国（西ドイツ）とドイツ民主共和国（東ドイツ）に分かれて睨《にら》み合っていたころ、ベルリンの壁という長大な建築物がベルリンを分割していました。この建築物がどのように建設され、どれほどの悲劇の舞台となり、どのように崩壊したか、紹介することは残念ながら本書の範囲を大幅に超えます。ここでは壁が1961年から1989年のあいだ憎まれながら存在したとだけ述べておきます。

ゴット教授は1969年にベルリンを訪問し、建築後8年のベルリンの壁を見て、この壁があと何年存続するのかという疑問を抱いたそうです。

普通なら、(私たちの文明が何年存続するかという疑問と同じように) 知りようのない疑問をそれ以上追求しないのですが、ゴット教授は次のような思考をたどりました。

ベルリンの壁がある期間だけ存在し、その期間中に大勢の人が壁を訪問するとしましょう。訪問者の4分の1は、その期間の最初の4分の1、つまり壁を建設直後に訪れるでしょう。訪問者の4分の1は、その期間の最後の4分の1、つまり崩壊直前に訪問するでしょう。訪問者の半分は、建設直後でも崩壊直前でもない、存在期間中の中間50%にやってくるでしょう。

すると (ここが大胆な飛躍なのですが) ゴット教授が見ているベルリンの壁は、50%の確率で、存在期間中の中間50%にあるといえるのではないでしょうか。

ならばベルリンの壁は、ゴット教授が見たとき8歳だったので、50%の確率で、11歳から32歳のあいだに終末を迎えると予想できます。西暦でいえば1972年から1993年の期間中です。

ゴット推定

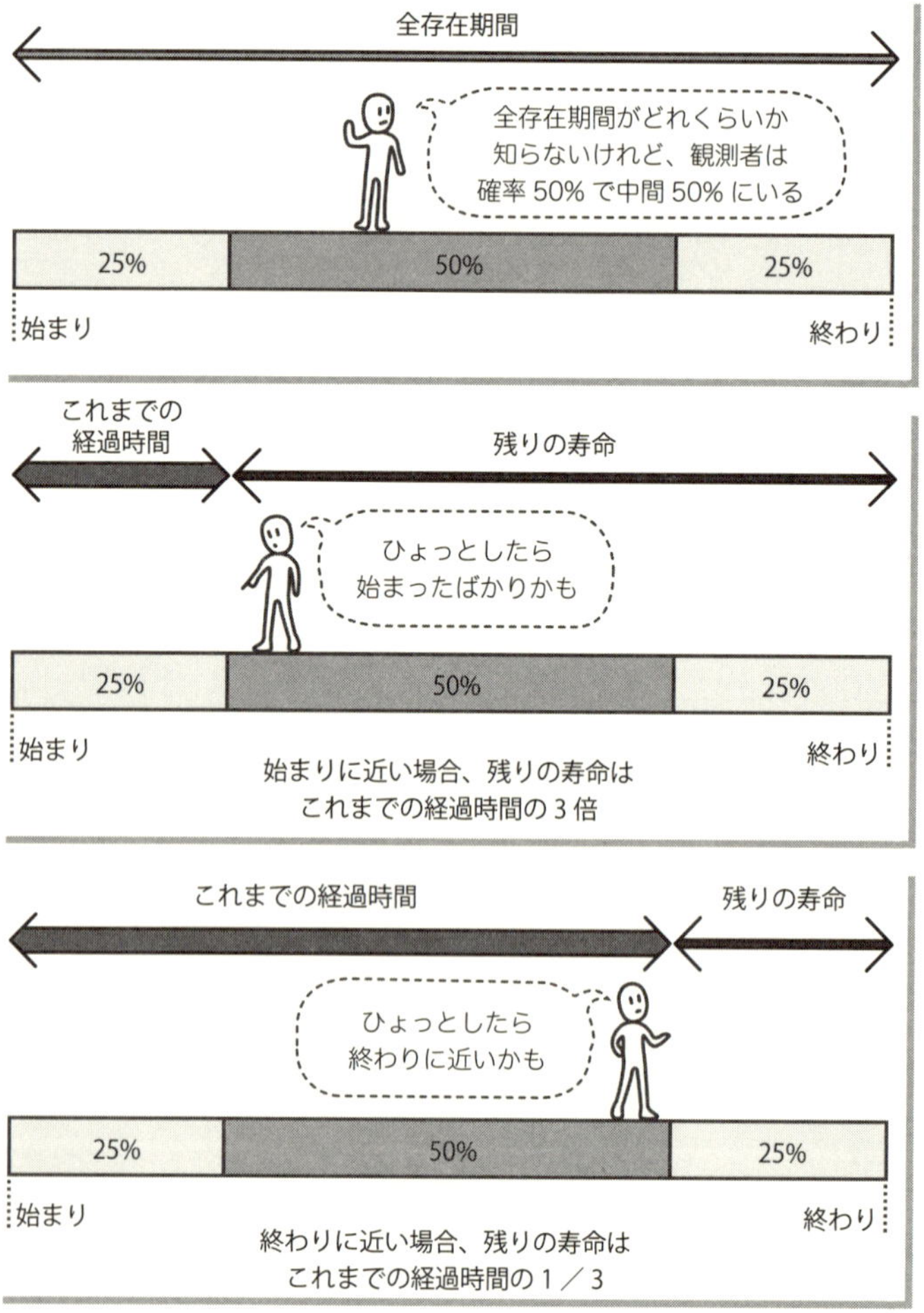
全存在期間
全存在期間がどれくらいか
知らないけれど、観測者は
確率 50% で中間 50% にいる
25%
50%
25%
始まり
終わり
これまでの
経過時間
残りの寿命
ひょっとしたら
始まったばかりかも
25%
50%
25%
始まり
終わり
始まりに近い場合、残りの寿命は
これまでの経過時間の 3 倍
これまでの経過時間
残りの寿命
ひょっとしたら
終わりに近いかも
25%
50%
25%
始まり
終わり
終わりに近い場合、残りの寿命は
これまでの経過時間の 1 ／ 3

そして実際、1989年、壁は押し寄せた東西ベルリン市民によって破壊されます。テレビに映し出された市民の歓喜は、世界に希望と興奮を届けました。

自分の推定が当たったと考えたゴット教授は、さらにいくつもの、通常の方法では寿命を推定できないものにこの方法を適用しました。ミュージカルの上映期間、国家体制、遺跡など、あるものは推定どおりに終わり、あるものは外れ、あるものはまだ存続していて当たりか外れか判定できません。

ゴット教授自身は、この本来答えられない質問に答えを出す方法を、コペルニクス原理とかコペルニクスの手法と呼んでいるのですが、ここではゴット推定と呼んでおきます。ベルリンの壁の寿命を当て推量する手法に自分の名が冠されているとコペルニクスが聞いたら目を白黒させるでしょう。

ゴット推定は論議を引き起こしました。これは確率の教科書から逸脱しています。

ゴット教授は1969年に壁を見てこの数字を出しましたが、別の年に見た別の人にとっては、推定値が異なります。一方、サイコロが次に1の目を出す確率や、コインが次に表を出す確率は、誰にとっても同じで、見る人によって異なりません。壁が崩壊する時期を推定する根拠に、壁を見た時期という無関係な数字を用いるなんて、なんとも不可思議な論理です。これは確率の議論に似せたお遊びだとしてゴット推定を受け入れない人もいます。

文明の寿命

当たるか外れるか誰もわかりませんが、ともあれここではゴット推定を使って文明の寿命を推定してみましょう。ゴット推定は、どうにも推定する材料がない場合の最後の手段です。

1901年ごろ、グリエルモ・マルコーニ（1874～1937）はヨーロッパとアメリカのあいだで電波通信に成功しました。最初の実用的な電波通信です。人類文明がこのときから宇宙に信号を発し続けていると考えると、その年数は110年間となります。ゴット推定によれば、西暦2012年の私たちは50％の確率で、「人類文明が存続して電波を発信し続ける年数」のうち、中間50％にいます。すると「人類文明が存続して電波を発信し続ける年数」は、長くて440年間、短くて147年間です。

これはドレイクの用いた値の1万年間に比べて、恐ろしくなるほど短い時間です。ゴット推定によれば、50％の「確率」で、西暦2049年から2345年の間に人類文明は電波通信を放棄するのです。もっと優れた通信手段に乗り換えるのか（透過性の高いニュートリノ？　未発見のダーク・マター？　あるいはテレパシー？）、それとも人類文明が滅びてしまうのか、そこまではゴット推定は教えてくれません。

もし440年間という値をドレイクの式に代入し、ついでにケプラー探査機の最新結果も用いると、銀河系内の通信可能な文明の数は0・002種族まで落ち込んでしまいます。500個の銀河に1種族しか話し相手はいません。地球人にとってなんとも寂しい数字です。

これではあまりに寂しいので、文明が電波を発信する期間ではなく、文明自体の寿命を推定してみましょう。

人類は電波の発明以前、遥か昔から、文字を読み書きし、青銅など金属を細工し、家畜を飼い種を蒔き、収穫物を分配したり収奪したり、支配したり謀反したり、税を払ったり賄賂をとったりしてきました。こういう活動をひっくるめて文明と呼びます。

文明が始まった時期は、最近の考古学によれば、どんどん遡っていくようです。ここでは長めに見積もって1万年間としておきます。

さてゴット推定によれば、人類文明が存続する期間は、「確率」50％で、約1万3000年間から4万年間です。いいかえると、西暦5000年から西暦32000年の間に文明が終焉を迎える見込みは50％です。これなら（根拠はありませんが）133年間～400年間より安心できる数字です。

ドレイクの式を応用すると、この銀河系内には、電波を発することはできないもの、「文明人」が0・1種ほどいる勘定になります。

もっとも、異星の「文明」は、地球人とまったく違う発達過程をたどっている可能性もあります。たとえば群れをなさない生物種によって構成されている「文明」に、ドレイクの式は応用できないかもしれません。

ついでにゴット教授は、生物種としてのヒトの寿命も推定しています。ヒトが発生して20万年間ほどだという数字を使うと、ヒトという種の余命は7万年間から60万年間になります。

これだと銀河系内で、私たちと同じ夜空を仰ぎ見て思索にふける知性の数は2種族となります。

地球の生物種が滅ぶ原因としては、ライバル種との競争に負ける、（ヒトなど）強力な天敵に喰い尽くされる、隕石や氷河期や地殻変動など天変地異の巻き添えになるなどが挙げられます。ヒトが西暦7万年から西暦60万年の間に「確率」50％で滅ぶとしたら、何が理由でしょうか。これも科学では答えられない疑問でしょう。

この節では異星の生命や知性を探索する試みを紹介しました。当初考えられていたよりも現実は厳しく、いくつかの推定値が本当なら、私たち人類が地球外知性と出会う見込みはまずありません。けれども宇宙人に会いたい、宇宙における私たちの位置を知りたいという欲求は消えることがないでしょう。これまで存在しなかった新しい技術を次々投入して、異星の生命／知性の探索は続けられることでしょう。

パイロキン効果

ラリー・アイゼンバーグ

ラリー・アイゼンバーグ博士はロックフェラー大で医療電子機器を研究・開発しながら短編ＳＦを生産しました。92歳の現在もその知性は矍鑠《かくしゃく》としています。

『パイロキン効果』は「アメージング・ストーリーズ１９６４年６月号」に掲載されました。当時論議を呼んだ疑似科学本『衝突する宇宙』（イマヌエル・ヴェリコフスキー、鈴木敬信訳、２００６、法政大学出版局）にヒントを得て書かれたもので、地球外知性（？）をめぐるドタバタ・ショート・ショートです。ドレイクの式が発表され、地球外知性の存在が熱く語られた当時の雰囲気を伝える作品であり、また、宇宙人に関する議論にはむしろ地球人の性質が現れることがスマートに指摘されているので、ここに訳して紹介します

1962年7月11日金曜日、二番街を下ったところのレストラン厨房わきで、ハム無線家アーヴィング・パイロキンは異常な一連のカチカチ音を受信した。自慢の20ワットの装置で40メガヘルツ帯を走査しているときのことだった。

アーヴィングはハム無線家の本能でそのカチカチ音を国際モールス・コードに翻訳し、書きとめた。問題の文字列J・V・T・A・Lが繰り返し繰り返し彼のノートパッドに現れた。

アーヴィングがその現象をさらに追求しようとしたとき、気短かで太ったレストラン・オーナーが霧笛のような声を張り上げて、彼をウェイターとしての職務に呼び戻した。

仕事が一段落するとアーヴィングは心配しながら装置の前に戻り、同じ周波数帯を細心の注意をはらって探ってみた。今度は何の信号も検出できず、彼は大いに落胆した。

しかしながら、次の週の金曜日の同時刻、同じカチカチ音が再び検出された。それ以降の金曜日も同様だった。

この謎に好奇心を募らせたアーヴィングは、フィラデルフィアに住むいとこのサム・パイロキンに手紙で知らせた。サムはやはりハム無線家で、やはりウェイターとして働いている厨房のわきに自分の装置を持っていた（こういう偶然の一致が我々の現実生活を豊かなものにしているのである）。

サムをたいへん興奮させたことに、いとこがニューヨークで受信したカチカチ音とほとんど同一の信号を彼もまた検出したのである。

JVTAL の暗号に喜び、かつ頭を悩ませたサムは、丁度そのころ暗号解読のカルチャー・スクールに通っていたので、そこで20年間暗号解読を教えてきたバートラム・ルフトメンシュ講師にその「メッセージ」を見せた。

ルフトメンシュ講師はフィラデルフィアの地方紙に、文字をいくつか消すと読者へのアドバイスが現れるという趣向の暗号コラムを毎日書いていたのだが、多忙な中で時間を割いてサム・パイロキンのもたらした問題に取り組んだ。

けれども講師がどんなトリックを試しても、その文字列 JVTAL からはいかなる意味も引き出せなかった。

アーヴィングとサムは相変わらずその信号を受信していたものの、その意味も発信源も不明のまま数週間が過ぎた。

ある日曜の朝、ルフトメンシュ講師は、文字列JVTALを書き散らした紙片の一枚を高校生の息子がしおり代わりにヘブライ語の教科書にはさんでいるのに気づいた。講師はページを開いてヘブライ語アルファベットに目をとめ、突然の霊感を得て、英語とヘブライ語のアルファベットを並置してみた。

その表を使って講師はメッセージJVTAL（ヘブライ語のように右から左へ読めばLATVJ）がヘブライ文字では ישראל （イスラエル）となることを発見した。すっかり興奮した講師はその発見をサム・パイロキンに伝え、サムはただちに長距離電話をニューヨークのキャンディ・ストアにかけ、いとこのアーヴィングを呼び出してもらった。

アーヴィングは最初はいとこの話を信じなかったが、発見の重大さが不信の殻を貫通すると、すばらしい提案で応えた。サムと二人で指向性アンテナを用い、信号源をつきとめようというのだ。

本質的に敵意をもつ客の予測不能なご機嫌とチップに依存するウェイターの経済状況は概して不安定だったが、二人は高度な指向性をもつ高価なアンテナ・アレイを手に入れた。アンテナは電波の到来方向を1、2度の精度で突き止める性能をもっていた。次の金曜日、大雑把な三角法を用いて、サムとアーヴィングはカチカチ音の起源を調べた。信号源は（二人が予想した）イスラエルのどこかではなく、空の一点、**火星の位置にほぼ一致していた。**

この発見でアーヴィングは神経がたかぶり、何日も食べることも寝ることもできなくなった。不摂生で体力は落ち、手はふるえ、熱いスープ皿を運ぶのも危なっかしくなり、実際客を火傷させるところだった。

火星の知的存在の疑う余地のない証拠が初めて示されたのである。

しかしなぜそのメッセージはヘブライ語なのか。

アーヴィング・パイロキンはいとこのサムとつかのま結んだ秘密協定を破り、そのメッセージを義理の兄弟のエフィライム・ザイツに見せた。ザイツは現在は博士だが、当時はイスラエルの失われた支族の歴史を研究する神学生であった。

ザイツはその問題に没頭し、時間と資財を惜しみなく使い、とうとうそのカチカチ音問題の説明に成功した。その後些細な修正はあったものの、現在、もっとも正しいと思われている理論である。

「広く知られているように」とザイツ博士は書いている。「『昼は雲の柱、夜は火の柱』というイメージは原始的な原子力ロケットによくあてはまる。旧約聖書からはイスラエルの民がいかに生き延びることに専念していたか知れる。かつて人類の悪行は主をして人類を洪水で滅ぼそうとさせたのであるから。したがってイスラエルの先進的なグループ、すなわち失われた支族が、一般に信じられているのとは違い、ティグラト・ピレセルによって移動させられなかったというのは極めて論理的である。彼らは原子の知識を応用した輸送手段を用い、宇宙旅行への障害を解決し、ほかの惑星、この場合、火星に着陸したのである」

ザイツ博士は彼の見解を詳述してペンタゴンに送った。最初は否定的な反応しか得られなかったが、調査員がアーヴィング・パイロキンの受信機のカチカチ音を実地に確認すると、軍の全機構が遅まきながら動き出した。

その話を秘密に保つためのあらゆる努力にもかかわらず、誰かがマスコミ関係の親戚に24ドルもらってしゃべってしまい、地元タブロイド紙の特ダネ記事となってしまった。

こうして敵対する二大陣営がそのカチカチいう暗号に注目することとなった。

まもなく、その謎の信号が受信できるのはサムの装置とアーヴィングの装置だけであることが明らかとなった。しかしこれは、電離層の気紛れでしばしば生じる受信特異点異常によるものと解釈された。

もっとやっかいなのは、ザイツ博士の仮説を否定すべく、批判の奔流が噴出したことだった。

「火星にそのイスラエル人が住めないことは明白である」とある学者は書いた。「火星の表面温度は生命を維持するには高すぎるし、大気にCO_2が存在しないため、古代ヘブライの食生活に重要な役割を演じる炭酸水を作ることが不可能である」

「そうではなく」とザイツ博士は反論した。「その大気中のCO_2の欠如こそが私の仮説が正しい証拠である。火星に二酸化炭素が少ないのは、それが集められて炭酸水の密閉容器に封じ込められているからなのである」

公正を期するため、ここであのドイツの研究者たちにも触れておかねばなるまい。

彼らは宇宙に移住した民族はヒクソスであるという対抗理論を唱えている。ほとんど手がかりの残っていないヒクソスのアルファベットを用いて、彼らはあのメッセージから Streitwagen、ドイツ語で戦車を意味する単語を読み取った。戦車の発明は一般にヒクソスに帰せられる。

議論は白熱し、東西の軍情報部もいまや火星問題を徹底的に調査している。これを記している現時点では、パイロキンたちからデータを提供された西側がほぼ間違いなくリードしている。

ではパイロキン本人たちはどうなったかというと、実はまだ二人ともあの半端仕事で忙しく働いている。

「科学者だって喰わなきゃならないからね」とアーヴィング・パイロキンはいう。しかも彼らは町内で名士扱いされていない。おそらく日常的な交流のもたらす親近感がどうしても軽視の雰囲気を生むのであろう。

近所に住む服飾業者のマックス・フレナーは、アーヴィングのあのスープこぼし事件の被害者であり、彼によい感情をもっていないことを認めているが、次のように語った。

「アーヴィングはもとからアタマが弱いんだよ。金曜になるとあそこの厨房ではレバーを刻むけど、あいつはその音を拾ったんだよ」

我々は不信に首をふった。

「それでは、同じ信号をフィラデルフィアのいとこが受信したことの説明がつかないですよ」

フレナー氏はバカにしたように眉をあげた。

「おや、フィラデルフィアではレバーを刻まないとでもいうんですかい」

第2章

力学

三体問題――たった三つの天体なのに……

ニュートン力学

くるくるコマのように自転しながら太陽の周りをめぐる地球、地球の周りをつきまとう月、あるものは素早く、あるものはノロノロと楕円を描いて虚空を進む木星や火星や惑星や彗星。

天界を彩る星々、個性豊かな太陽系構成員たちは、どのような法則にしたがって自らの運行を定めているのでしょうか。全てを律する共通の法則が存在するのでしょうか。永遠不滅の天界の法則は、はかない地上の物理を超越する、まったく異なるものなのでしょうか。

こうした疑問を天才的な洞察で解き明かし、天界の物理法則を美しい一握りの数式に表したのは、アイザック・ニュートン（１６４３～１７２７）です。明らかになってみると、神々しい天界の物体は地上のありふれた物体とまったく同じ法則にしたがっていました。

ニュートンは簡潔で新しい「運動の三法則」を書き表して、古代ギリシャ哲学の影響を引きずっていた古い力学を粉砕しました。また「万有引力の法則」を発見して、木から落ちるりんごと地球の周りをめぐる月の運動を両方とも説明しました。ニュートンの発見した法則と、その法則を記述するための数学手法「微積分」は、あわせて「ニュートン力学」と呼ばれます(注1)。

一握りの簡潔な法則と書きましたが、実際にニュートンが書いた本は難解な大作で、簡潔とは程遠いものでした。

ニュートンは自分の研究の公表に乗り気でなく、友人の熱心な勧誘とライバル学者の挑発にあって、ようやく執筆に着手しました。出版を請け負ったエドモンド・ハレー(1656~1742)は、すぐ拗《す》ねてもう書くのをやめるといい出すニュートンをなだめすかし、おだて、脅し、催促して、なんとか出版までこぎつけました。

『自然哲学の数学的原理』通称『プリンキピア』の初版は1687年に発行されました。商業的にもまあまあで、ほとんど私費で出版したハレーをほっとさせました。ハレー彗星の発見で有名なエドモンド・ハレーですが、人類史に残る書物を出版した優れた編集者でもあるのです。

（注1）微積分はニュートンとゴットフリート・ライプニッツ（1646～1716）が独立して発明したと考えられています。二人はどちらが先駆者か、大人げない論争を何年も続けました。

本当は恐ろしくないプリンキピア

プリンキピアは、細かい図と綿密な証明とまわりくどい論理がラテン語でつづられた、読みにくいことこのうえない著作でした（注2）。ニュートンは、どれほど本気かわかりませんが、素人や生半可な科学通には手が出せないようにわざと難しくしたとうそぶいています。天才にのみ許される執筆態度でしょう。読者の皆様にわかってもらおうと腐心する科学解説書の著者ごときにはとうてい真似できません。

かくも敷居の高いプリンキピアですが、それでも読み通した生半可でない科学通や科学者は、その斬新な内容に衝撃を受け、自分でも計算を試してみてその威力に興奮し、サロンの議論相手や同好の文通相手や迷惑げな家人に解説を始めました。

彼らの努力と家人の忍耐の甲斐あって、300年後のこんにち、ニュートンの科学哲学は高校生でも理解可能な形で教科書に載っています（プリンキピアは解説がないと玄人でも読み通すのは大変です）。

（注2）ラテン語は当時の知識階級の必須科目でした。ラテン語を使えば、外国の学者とも議論ができる反面、非知識階級を学問から閉め出すことにもなりました。科学論文を英語で書く現代の因習を彷彿とさせます。

運動法則と万有引力

ニュートンの運動の第一法則は「静止した物体は、力が加わらなければ、いつまでも静止し続ける。運動する物体は、力が加わらなければ、等速直線運動を続ける」というものです。

なんだか当たり前のことをわざわざ難しくいっているような法則で、これがどうして衝撃的な新理論なのか、ピンとこないかもしれません。けれども当時は、投げたボールのような物体がしばらく動き続けるのは空気が押すからだ、というような古代ギリシャに由来する物理学がまだ権威をもっていたのです。運動の第一法則は、そういう古い物理学と決別する革命宣言なのです。

第二法則は、「物体に力を加えると、力に比例し、物体の質量に反比例する加速度が生じる」というものです。

この法則の内容は、ことばだと長たらしくて抽象的で理解しづらいですが、数式だと実にシンプルに $f=ma$ とたった4文字で書き表せます。この式は運動方程式といって、これこそボールや天体や地震の際の建物から台風まであらゆる物体の運動を計算・予測するために駆使される、ニュートン力学の神髄です。

そして第三法則は「あらゆる力には、向きが反対で大きさが等しい反作用がともなう」というもので、つまり「作用・反作用の法則」です。

エネルギー保存則という、物理学の大原則がありますが、第三法則からはエネルギー保存則が導かれます。もし第三法則がないと、無からエネルギーがどんどん取り出せる永久機関が可能になってしまいます。だったら可能な方がいいと思えるかもしれませんが、永久機関の実現は科学者にとっては様々な物理法則が破綻する恐怖の事態です。

太陽系の運行を計算するためのニュートン力学にはあともう一つ、万有引力の法則がふくまれます。「2個の質量には、両者の質量に比例し、距離の2乗に反比例する引力が働く」というもので、惑星も彗星も月もりんごも、万物はこの法則に支配されるのです。

ちなみにプリンキピアの中では、数百ページの綿密な論証を経て初めて万有引力の法則が現れます。忍耐強くニュートン先生の講義についてきた読者へのご褒美です。

ニュートン力学の絶大な威力

ニュートン力学の威力は衝撃的なまでに強力なものでした。そもそものニュートンの研究の動機となった、月とりんごの運動の解明は見事にはたされました。それも、天界に属する神々しい月と、腐りもすれば虫も喰う地上のりんごを、大胆にも同じ運動方程式であつかうことによって。

ニュートンの運動方程式からは、月が地球の周りをめぐりながら描く楕円の式が計算できました。そればかりでなく、木から落ちるりんごの軌道も、じつはこずえから始まりイングランドの大地に潜り込み地球の中心をかすめて太平洋から飛び出す大きな楕円の一部なのです。月もりんごも、地球の引力に引かれて運動する質量という点で同じなのです。

そういう質量である木星火星惑星や彗星は、時計のように精確に楕円軌道を描き、太陽の周りを何千年も何億年もちくたく回ります。太陽系の全ての物体は、ニュートンの運動方程式によって統一的に精確に予想することができるのです。

それればかりではありません。ニュートンの万有引力の法則によれば、月やりんごを引きつける大地の重力は、弱いながらもりんごや私たちの体からも発しているというのです。私たちの体はりんごや月や大地やさらに太陽にまで重力をおよぼしているのです。地球が私たちの体を数百ニュートン（注3）の力で引き寄せるとき、同じ力で私たちの体も地球を引き寄せているのです。地球ばかりでなく、０・３ニュートンほどで太陽を、０・００２ニュートンで月をも引っ張っています。そのような目に見えない力が私たちと天体の間を結んでいると聞くとなんだか妙な感じです。

妙な法則ですが、これは大変な精度で天体の運行を予想することでその正しさを実証しました。望遠鏡など最新観測装置を駆使して精密に天体を観測し、その結果明らかになった惑星や衛星の微妙な揺らぎ、摂動《せつどう》、歳差《さいさ》（注4）などが、次々ニュートン力学で説明できるのです（注5）。

やや時代が飛びますが、天王星の軌道は予測から奇妙な逸脱を示しました。これは未発見の惑星が天王星に重力をおよぼしているためだと解釈され、そして計算どおりに海王星が発見されました。

天文学者は夜も寝ずに夢中になって天体の動き、よろめきを計算し、万有引力の不思議さ正確さに感嘆しました。

ニュートン力学があつかうのは天体やりんごといった自然物だけではありません。敵陣めがけて放物線を描く砲弾、蒸気機関や自動車や航空機などあらゆる輸送機関、自重を支え、地震や衝突や突風に耐えるビルや橋、発電器や発電所、気体の運動を予想する天気予報、アクション・ゲーム内のモンスターの運動、もうあらゆる工業製品や建築がニュートン力学に基づいて作られています。ニュートン力学は現代社会を支える基礎です。

（注3）ニュートンは力の単位で、1ニュートンは1キログラムの質量に1メートル毎秒毎秒の加速度を生じさせます。語源は説明不要でしょう。

（注4）摂動は天体の運動が他の天体からの微少な重力でずれること、歳差は天体の自転軸や軌道の軸がふらつくこと。

（注5）水星の近日点の移動はニュートン力学で説明できません。この説明にはアインシュタインの一般

相対性理論が必要です。けれども一般相対性理論までの200年間、そしてたいていの問題には現在でも、ニュートン力学は絶大な威力を発揮するのです。

ニュートンのりんごに虫がいた

かくてすっかり物理学とそれから人々の意識を変革したニュートン力学ですが、世界の全てを予測する万能理論というわけではもちろんありません。

限界の一つは、相対論的現象です。速度が光速に近いロケットの中では時間と時刻、長さなどの物理量が異なり、重力によって光線は曲げられます。相対論が描く世界は想像もつかない不思議で新しいものでした。

相対論の発見とほぼ同時に、原子や分子といったミクロな世界ではニュートン力学が通用しないことが明らかになります。ミクロの世界は、確率と複素数を用いるはなはだ直観に反する法則に支配されています。相対論と量子力学についてはのちに紹介しましょう。

相対論や量子力学は、超高速のロケットや宇宙に浮かぶブラック・ホール、あるいは原子の内部や電子や素粒子など、ニュートンの時代には知られていなかった世界の物理学です。そういう世界がニュートン力学であつかえないことは、まあ納得できるのではないでしょうか。

けれどもじつは、天体の軌道という、まさしくニュートン的な力学系において、予測不能の現象が生じることがあるのです。どこまでも精確にちくたく天体の位置と速度を追跡できるのが売りのはずのニュートン力学は、ある種の天体軌道を精確に計算できないのです。軌道を表す単純な数式は存在せず、近似して解くのもうまくいきません。それもあきれるほど簡単な力学系においてです。

ニュートン力学は驚くべきことに、原理的に、3体以上の天体の運動を予測できないのです。

三体問題

宇宙に太陽と地球だけがポツンと浮いているとしましょう。すると地球は楕円を描いて太陽の周りをめぐります。正確には、太陽と地球の共通重心の周りをめぐります。太陽もまたその共通重心の周りを楕円を描いてめぐります。ただし共通重心は太陽の内部にあり、太陽の微妙な動きは望遠鏡で精密に観測しないとわかりません。

地球と太陽いずれにせよ、楕円を表す式を用いて、未来のどんな時期でも、過去のどの時点でも、位置と速度は厳密に計算できます。２天体の運動という問題の楕円軌道は「厳密解」です。

このくるくる永遠に回り続ける太陽と地球のフィギュアペアに月が加わったとしましょう。

月は地球の周りをめぐります。地球は月につきまとわれ、月の引力に絶えず引っ張られ、元の単純な楕円軌道から外れてしまいます。地球の軌道は、震える筆で描いた円のような、フラフラ揺れ動くなんともいい表しがたい円形です。１年たってもきっかり元の位置に戻ることもないので、微妙にずれたいくつもの「円形」が宇宙に重ね描きされていきます。太陽の動きもまた3番目の天体の重力によって乱されます。

このフラフラの「円形」を表す厳密な解はあるでしょうか。単純な数式で、あるいは一歩譲って単純な数式の複雑な組み合わせで、この3天体の運動を予測することはできるでしょうか。

これは三体問題といわれる数学の問題です。互いに重力をおよぼしながら運動する3天

2 天体なら軌道は楕円だが……

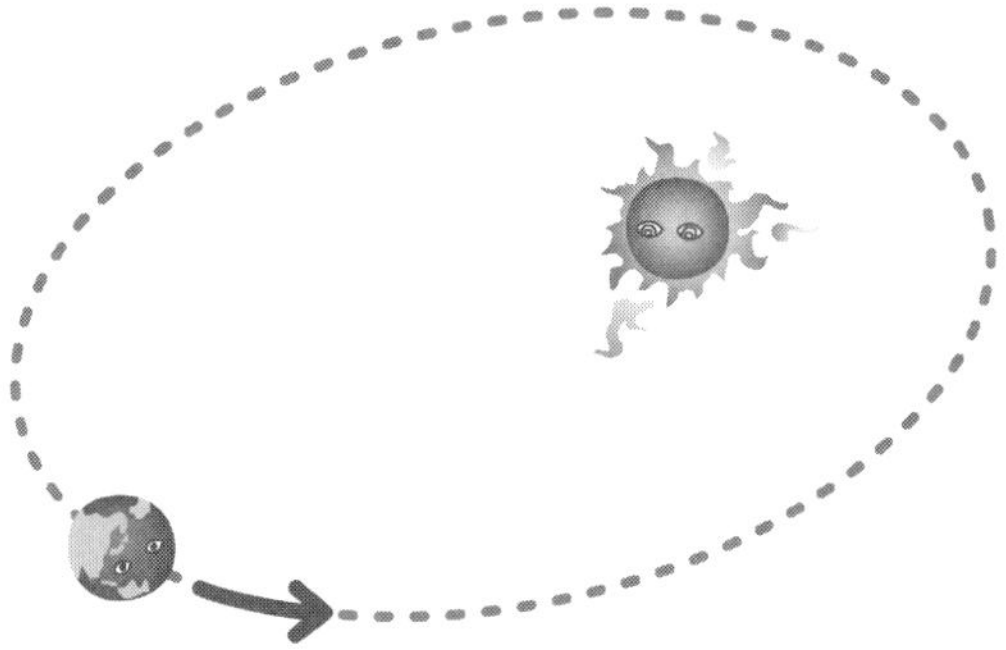

地球は楕円を描いて太陽の周りをめぐる。楕円の式を用いて、未来のどんな時期でも、過去のどの時点でも、位置と速度は厳密に計算できる。

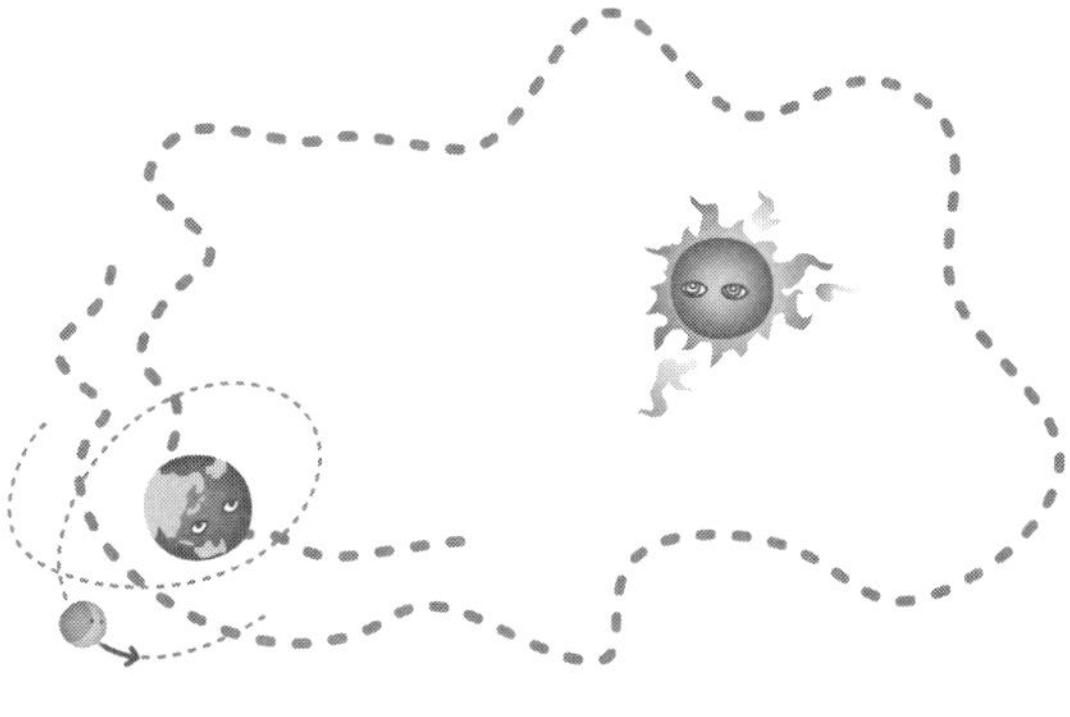

月が加わると、地球の軌道は楕円からずれてしまう。3 天体の軌道を数式で表し、未来や過去の位置を予測することはできるだろうか。

体の軌道を表す解を求めよ、といい換えられます。一見簡単なこの宿題に偉大な頭脳が何世代も取り組みました。いくつか特殊な場合の厳密解が見つかりましたが、どんな場合にも通用する一般解は得られませんでした。

ラグランジュ解

様々な定理や公式に名前を残す大数学者レオンハルト・オイラー（1707〜1783）は、三体問題にちょっとだけ手を出し、特殊な解を発見しました。3天体がある距離をおいて直線上に並ぶ場合、その運動には厳密解が存在するのです。

これまた有名な数学者ジョゼフ＝ルイ・ラグランジュ（1736〜1813）は、（3個に限らずいくつもの）天体を正多角形に配置する解を発見しました。3天体を正三角形をなすように宇宙に置き、そっと初速を与えてやると、そのあとその正三角形は伸び縮みしつつも角度は保ったまま未来永劫運動を続けます。これだとニュートン力学で3天体の行方を計算できます。

オイラーとラグランジュの発見した、3天体の運動の解は、一緒くたにラグランジュ解と呼ばれ、3番目の天体をおける位置はラグランジュ点と呼ばれます。たとえば地球と月の（太陽を無視した）周囲の空間には、3番目の天体をそっと置けるラグランジュ点が5点あります。

ただしラグランジュ点のうち、オイラーの発見した3点は不安定で、そこにある物体が何かのはずみでちょっとでも軌道から外れると、そのずれは徐々に拡大し、しまいにラグランジュ点から遠く離れてさまよい出してしまいます。

地球―月を1辺とする正三角形の頂点は安定なラグランジュ点で、そこにある人工衛星や天然の物体は、いつまでもそこにとどまります。窪みにたまる落ち葉のように、安定なラグランジュ点には過去何億年もの間にデブリ（宇宙ごみ）が集まっているようです。衝突で壊れやすい人工衛星は置かない方がいいかもしれません。

このように、天体が正三角形や直線をなす、幾何学的に単純な配置だと、厳密な解があることがわかりました。このたった5個の解を見つけるのに、大数学者が100年もかけています。

でもこれではまだ三体問題が解けたとはいえません。数学者が本当にほしいのは、きまぐれに3天体を配置してばらばらの速度を与えても、未来永劫その位置と速度を与える数式です。

ニュートンの宿題に答えはなかった

そしてニュートンのプリンキピアから200年、ラグランジュから100年たって、(また別の天才)数学者アンリ・ポアンカレ(1854〜1912)が、ついに三体問題にある種の解答を与えました。

解答といっても、3天体の軌道を表す式を発見したわけではありません。ポアンカレは、三体問題がじつは解けないことを証明したのです。ラグランジュ解のような特殊な場合には厳密な解が存在しますが、3天体がどんな位置と速度をもっていても当てはまるような、万能の解は存在しません。ニュートンの宿題に答えはなかったのです。

さてポアンカレの証明はどんな意味をもつのでしょうか。

3天体の運動を永遠に予測する簡単な数式がなかったら、将来の軌道は近似的にしか計算できません。おおざっぱに軌道を表す式に、微少な補正項を加えて近似式を出し、近似式からさらに補正項を計算し、徐々に近似の精度を高めていくしかありません。

でもまあ、手間暇をかけて近似式が得られるなら、それならそれでいいじゃん、と思うかもしれません。世の中には、そうやって徐々に精度を高めることが生きがいだという科学者もいます。それに現代では計算機という強力な道具もあります。そういう科学者に計算機を与えて近似式を計算してもらえば、八方まるく治まるのでは、とポアンカレの証明や計算機の発明を目にした人々は考えたかもしれません。

けれども三体問題はもっと根深い問題をはらんでいました。

3天体の運動は、厳密解によって表せないというばかりではありません。じつは、近似式の方法でも、3天体の運動を追跡することは原理的に無理なのです。

手計算であれ、計算機駆使であれ、3天体の運動は徐々に近似から外れ、しまいに突拍子もないところにすっ飛んでしまいます。現在仲よく平和に軌道運動していても、3天体はやがてばらばらに飛び散るかもしれないし、接近して軌道はもつれあうかもしれません。3天体が将来どんな軌道をたどるか、知ることはできません。

このことは、計算機が発明されてからようやく認識されるようになりました。

天気予報は不可能――蝶の羽ばたきが竜巻を起こす?

勘と経験から計算科学へ

3天体の運動が計算機を用いても追跡できない（場合がある）ことは、意外な分野の研究から明らかになりました。天気予報です。

計算機が発明されて、天気予報の手法はがらりと変わりました。

それまでの天気予報は、各地測候所からの気圧や風向きの報告をもとに天気図を作図し、それをベテランが睨《にら》んで明日の天気を予報するというものでした。天気がどうなるかは予報官の勘と経験に大きく依存し、マニュアル化や数値化できない部分も多く、予報官が異なれば予報値も変わることがありました。

計算機の手法では、まず予報すべき地域をたくさんの区域に分割します。そして各区域に現在の気圧、風向き、温度、日射量などの物理量を割り当てます（ここまでは人間による予報とほぼ同じ)。測候所も観測点もない区域は推定値を割り当てます。そしてそれらの物理量が、となりの区域の影響の下で、1時間後にどうなるか計算します。そういう物理量は微分方程式に従うと考えて、微分方程式を計算するプログラムを計算機で走らせます。1時間後の数値が計算できたら、それをもとに2時間後を計算します。これを繰り返し、明日、明後日、さらには1週間後の天気を計算するのです。

計算機による最初の予報は、不精確で信頼できないものでしたが、そこから精度を高めるため、様々な工夫と努力が始まりました。

まず大事なのは、工夫といえるような気の効いたものではありませんが、計算機の性能の向上です。速くて大容量の計算機なら、分割区域と時間幅をより細かくすることができ、それは精度のよい予報にただちにつながります。世界の研究グループが、国家や企業の威信を賭けて、ばかでかい高額な巨大計算機を建造して天気予報に投入しました。

また、予報計算にふくめる物理量をより多くしたり、微分方程式をより現実に即したものにするといった、モデルの向上も重要です。ただし、この補正を入れると予報がよく合うようになるからといって、物理的な意味の不明確な補正項をどんどんプログラムに加えていくと、予報が当たったり外れたりするのがどうしてかわからない、ベテラン予報官のようなプログラムになってしまいます。この点、プログラムする気象学者は気をつけないといけません。

世界の研究グループが天気予報の精度を競い、天気予報の計算手法はみるまに進化していきました。数値計算はどうやったら精確になるか、その誤差はどこに由来するのかといった、計算手法そのものの研究も盛んになりました。これはもう、計算科学という新しい研究分野と呼んでいいでしょう。

けれども次第に計算機と計算プログラムは立派になっていくのに、長期予報はなかなか当たるようになりませんでした。

カオス来たりて天気を乱す

1960年代、気象学者エドワード・ノートン・ローレンツ（1917～2008）は、天気予報がなぜ当たらないのか発見しました。計算科学界には（その発見の意義が理解されるまで10年以上経ってから）衝撃が走りました。

ローレンツは天気予報の機械化にわりと早くから取り組み、電子計算機が珍しかった時代に1台入手して、気象の変化を計算してみました。当時、計算機を利用しようと思う研究者は、暗号めいた機械語を覚えるところから始めないといけませんでした。

ローレンツの出力データは、ある最終状態に到達して安定するでもなく、単純な周期運動をするでもなく、予想を外れた複雑な振る舞いを見せました。ある周期変化をかなり長い時間繰り返したかと思うと、全然別の状態に遷移《せんい》し、こちらかと思えばまたあちらに飛びはね、まったく予測がつきません。そして驚いたことに、系の初期状態をほんのわずか変えただけで、結果は大きく違ってくるのです。

これが現実の気象の性質を反映しているなら、天気予報は不可能だとローレンツは気づきました。

このように系が非周期的かつ予測不能に時間変化する性質をカオスといいます。ローレンツはある種の微分方程式がカオスをもたらすことを発見したのです。

カオスをもたらす微分方程式は様々あります。そういう方程式をふくむ気象計算プログラムは、最初の温度や気圧の微小な変化に極めて鋭敏で、雨にも雪にもまったく違う結果になるのです。たとえばブラジルの蝶の羽ばたき程度の違いを最初に加えると、計算結果の違いは徐々に拡大し、何週間か後のテキサスの天気に竜巻程度の差が生じるのです。

蝶々《バタフライ》効果

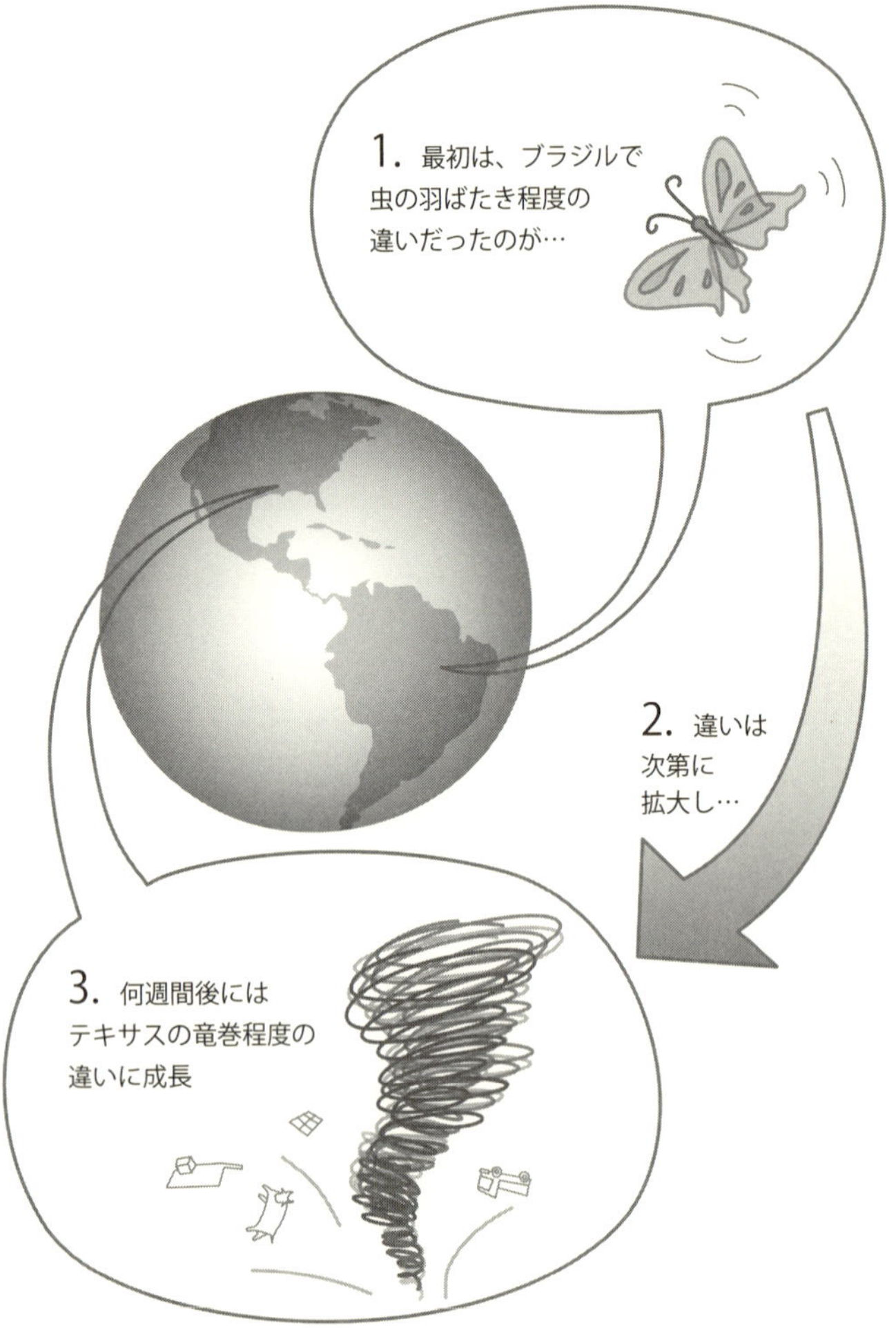
1. 最初は、ブラジルで
虫の羽ばたき程度の
違いだったのが…
2. 違いは
次第に
拡大し…
3. 何週間後には
テキサスの竜巻程度の
違いに成長

ローレンツはこれに「蝶々効果《バタフライ》」と名づけました。計算機が黙々と微分方程式プログラムを走らせて吐き出す無味乾燥な数列の名としては、大変詩的で印象的です。ローレンツの結論は、長期天気予報は原理的に不可能というものです。バタフライの羽ばたきがしまいには天気予報を吹き飛ばすのです。ローレンツは予報期間が２週間以上だと怪しくなると述べています。

このカオス的な宇宙

現在、高速計算機はあらゆる科学の分野で活躍しています。計算科学は気象学以外にも、物理学、生物学、化学、天文学、経済学等々、あらゆる学問分野と重なります。何百万年もかかる生物進化や天体の衝突、加速器内の無数の素粒子反応、市場を実験台とする経済実験など、計算科学の手法でしか研究できない対象が多々あります。

１９７０年代後半、カオスの存在が知られるようになると、次々とカオス現象が各分野の方程式から発見されました。各分野の研究者は、そういわれてみれば、どうも計算結果が手に負えない振る舞いを示すケースに時々出くわしていました。生物の繁殖、天体の軌道、景気の動向など、様々な系の方程式にカオスは潜んでいました。これらの現象は、不安定に揺れ動いて定まらず、最初の設定値をほんの少し変えるだけで結果は予想外に飛びはね、そのため長期予想は不可能なのです。

ある系がカオスかどうかは、計算機を予想に用いるかどうかと無関係です。計算機だとうまくいかない例をカオスと呼ぶわけではなく、自然界のある種の力学系は本質的に予測不能で、人力でも計算機でも予測できないのです。ある系がカオスかどうかは、その系の物理的な特徴です。計算機や人間が決めるのではなく、自然が決めるのです。

さて、物理学や生物学や化学や天文学など多くの分野でカオスが観察されることから推察すると、カオス的に振る舞う力学系はありふれた「自然な」ものなのかもしれません。この宇宙はカオス的にできていて、長期予想が本質的に不可能なのかもしれません。

ローレンツが最初にカオス現象を見いだした方程式もわりあい単純なものでした。このこともやはりカオスが簡単に発生することを示唆します。

なお余談ですが、微分方程式が引き起こすカオスの計算は1961年の上田睆亮《よしすけ》名誉教授（1936〜）によるものが最初のようです。当時京都大学工学部の大学院生だった上田名誉教授は、今から見ればカオスの特徴そのものの出力データを手にしたものの、それを新現象としては発表しませんでした。あとで上田名誉教授は、当時の「封建的な」研究室では、教授の意見に反する論文を発表できなかったと語っています（注1）。

（注1）ヨシスケ・ウエダ、ラルフ・エイブラハム編著、2002『カオスはこうして発見された』共立出版、第3章。

これは、カオス発見時の事情を当事者たちが語った本ですが、上田名誉教授の文章は、「ふんぞりかえった」当時の指導教官への愚痴に満ちていて、外野には大変興味深いです。

三体問題とカオス

前節で扱った三体問題も、カオスの光を当てると、別の側面が明らかになります。

太陽と地球と月の運動を説明するためにニュートンはニュートン力学を構築したわけですが、ニュートン力学ではその3天体の運動を同時には説明できません。天体が3個になると、軌道を表す厳密解が（ラグランジュ解のような特殊例をのぞいて）存在しないのです。厳密解が存在しないことは、ニュートンから２００年たってポアンカレが証明しました。

現在の理解では、ある力学系が、厳密解をもたないこと、カオスを示すこと、予測不能であることには、密接なかかわりがあると考えられています。

そうすると、じつはポアンカレが証明したのは、天体を3個集めるとカオス系（の一種）になるということだったわけです。３天体の軌道を表す厳密解が存在しないだけではなく、３天体は非周期運動を続けて飛びはね続け、位置の予測は不可能なのです。このことをポアンカレがどの程度まで認識していたのかはわかりませんが（ポアンカレが計算機の出現まで長生きして、カオスについての理論的研究を進めてくれなかったのが残念です）。

結局ニュートンのもくろみは外れ、太陽と地球と月は数式で表されることのない不規則な軌道をたどることになりました。プリンキピアから３００年後、計算機の助けを借りて得られた結論です。

さらば予測可能な宇宙

カオス系が様々な科学分野や経済学分野のモデルに現れること、カオス系を一部にふくむ系は全体もカオス系になることを考えると、どうも私たちの住む世界はカオス的に振舞うと思った方がよさそうです。短期間は予想が可能かもしれませんが、長期的には、天体の運動も、気象も、景気も、非周期的で予測不能ということになります。

かつては、氷河期など天候の長期変動に周期があるという研究アプローチがありましたが、そういう周期はないのかもしれません。次の氷河期や地球温暖化は(人為的な影響をのぞいて)予想不能で、いつ来るかわからないでしょう。

また経済活動に周期を見出す試みは、マクロ経済学から、素人の株価予想まで、広く行なわれていますが、これも役に立つ予想をもたらすのは難しい気がします。

カオスが評判になったころは、どんな分野にもカオス理論を当てはめるのが流行し、ヒトの呼吸の間隔がカオス的な振る舞いを示すという研究や、(病んだ関係性をはらむ)家庭の食卓の会話がカオスのアナロジーで説明できるなどという研究までありました。今ではそういうブームは一段落したようですが、もうカオス発見以前のナイーヴな自然観は失われてしまいました。今後、宇宙は決して周期性を取り戻すことはなく、予想は不可能であり続けるでしょう。

第3章

相対性理論

光速の限界――去年、アンドロメダで

アインシュタイン青年の奇跡

20世紀が始まったばかりの1905年、スイスの特許局に勤める26歳の青年アルベルト・アインシュタイン（1879～1955）が仕事の合間に5編の論文を発表します。それらの論文はどれも独創的で、当時の科学者を悩ましていた難問を意外な切り口で見事に解決してみせました（その間、勤務先での業務をどれほど熱心にこなしていたかは不問にしましょう）。

たとえば光電効果という現象についての論文は、光が波と粒子の性質を同時にもつことを指摘する画期的なものでした。光が波と粒子の性質を同時にもつとは、画期的すぎて、一体全体何のことかわからないかもしれません。当時の大勢の科学者にとってもそうでしたが、この論文はやがて量子力学という壮麗な物理学理論の基礎となり、アインシュタインに１９２１年のノーベル物理学賞をもたらします（相対性理論で有名なアインシュタインですが、ノーベル賞は相対性理論の功績で受賞したわけではありません）。

またブラウン運動についての論文は、水中の花粉など微粒子の微小運動を、微粒子にぶつかる水分子によって説明するもので、やはり理論物理学の第一級の仕事です。

しかし本書で取り上げるのは、ノーベル賞論文よりある意味もっと衝撃的な、私たちの自然観、宇宙観を根こそぎひっくり返す革命的な論文です。「運動する物体の電気力学」という味もそっけもない題名の論文によって、人類は相対性理論を知ったのです。

アインシュタイン青年が１９０５年に発表したその物理理論は「特殊相対性理論」、その10年後、中年にさしかかったアインシュタインが発表したその拡張版は「一般相対性理論」といい、両方あわせて単に「相対性理論」あるいは短く「相対論」と呼ばれます。

相対論は宇宙を理解するのに欠かせない理論です。以前は知りようもなかった宇宙の果てや宇宙の初めについて、（哲学や神話としてでなく）科学の話題として議論することが、相対論によってはじめて可能になりました。巨大な質量をもつ星の振る舞いや、光に近い速度で宇宙空間を横切る奔流について記述し、その性質を予想するのには相対論が必要です。

また巨大な宇宙とは対照的な、極微の粒子についても相対論は教えてくれます。粒子加速器の中で誕生した粒子が光速に近い速度で測定装置の中をどこまで走るか（1ミリメートルも走らず消滅する粒子もあります）、相対論を使って計算します。

相対論は日常生活に役立つことはほとんどありませんが、宇宙の成り立ちを理解するのには相対論で考えないといけません。この宇宙は相対論的にできているのです。

アインシュタイン青年が5編の論文を発表した1905年は、科学史上「奇跡の年」と呼ばれます。20世紀は科学技術が飛躍的に進歩した時代ですが、科学技術の世紀は奇跡の年によって幕を開けたのです。

超光速列車でお化粧はできるか？

光の速度で走る列車の中で、手鏡をのぞいたら、いったい何が見えるでしょうか。ホラーかファンタジーなら鏡の中から自分以外のモノがのぞき返すかもしれませんが、現実には、自分の顔以外のものが映ることはまずないですよね。

もし自分以外の何物かが映ったら、鏡が正しく自分の方を向いているか、鏡でなくガラスや液晶ディスプレイや写真ということはないか、夢を見ていないか、アルコールなど薬物の影響下にないか、今朝のお化粧が濃すぎたのではないか、確かめるべきでしょう。自分の顔が変貌していないか、本当に自分は自分なのか、じつはホラーやファンタジーの作中人物ではないのか、突飛な解釈はいくらでも挙げられますが、脱線するのはやめておきます。

けれども鏡に自分が映るということは、自分から発した光が鏡に届き、そこで反射されて返ってきて、自分の目に入るということです。もしも列車が光より速く走っていたらどうなるでしょうか。自分と鏡の間を光が往復できなくなって、自分の姿が鏡に映らなくなるということはないでしょうか。

あるいは列車の速度が極めて光速に近いなら、光が往復するのに長い時間がかかることはないでしょうか。すると1秒前の自分の姿が映ったり、列車の速度によっては、1分前や1時間前の自分の姿が映ったりするのではないでしょうか。

アインシュタインは、子供のころからこういう奇妙な問題をしじゅう考えていたといいます。おそらく質問を浴びせられた周囲の大人は、列車が光速を超えるあたりでついていけなくなり、手鏡と顔の間を光が往復するところですっかりわけがわからなくなって、忙しいのであっちへいって一人で考えるようにアインシュタイン少年にいいつけたことでしょう。

アインシュタイン少年はその問題を一人で考え続け、26歳まで考え続けてついに特殊相対論に到達しました。

特殊相対論の結論をいうと、列車が光に近い速度で走っても、手鏡にはなんら変わることのない自分の顔が映ります。顔が見えなくなることも遅れて見えることもありません。安心してお化粧に（マナーに気を配った上で）いそしんでください。

それでは列車が光速を超えても顔は見えるのでしょうか。ちょっとずるいですが、列車が光速を超えることはない、というのがその答えです。

時間はのび、物差しは縮み

列車の速度が光に近いと、顔からの光が鏡に反射されて目に入るまで（列車の外の人が測ると）長い時間がかかるはずです。列車の中の人にとって、鏡に映る姿がなんら変わらないのはどうしてでしょうか。

列車内の時間がゆっくり進むから、と特殊相対論は常識はずれの説明をします。顔から出た光が手鏡に反射されて目に入るまでのあいだ、列車の中の時間がゆっくり進めば、列車の中の人は列車の速度による違いを感じません。

列車の速度が光に近いと、列車の中の時間はゆっくりになります。つまり、列車内のあらゆる物理現象はいっせいにゆっくり進行するのです。手鏡をのぞく人の表情の変化もそれを支配する筋肉の運動速度も神経の伝達速度も脳の働きも腕時計もすべてゆっくりになり、そのため手鏡と顔の間を光が長い時間かけて往復してもそれに気づかないことになるのです。

光速に近い列車の中では、時間がゆっくりになることに加えて、前の車両の時刻が後ろの時刻とずれて遅れ、物差しが進行方向に縮み、質量が増え、電場が磁場に変化し、磁場が電場に変化し、そのほか様々微妙な変化が（列車の外から観測すると）現れ、結局列車の中では列車の速度による違いが生じません。列車の外で学んだ物理の公式はそっくりそのまま列車の中でも成立します。

時間がゆっくりになるなんて、そんなばかな、といいたくなりますが、実験をして確かめるとこれがどうも正しいようなのです。

たとえば原子や分子よりさらに小さい粒子の中には、寿命が大変に短く、実験装置の中で生まれるが早いか消滅してしまうものもあります。そういう粒子を光速近くまで加速してやると、寿命がのびるのです。相対論の予言のとおりです（粒子を列車に乗せるのでなく、粒子を光速近くまで加速しても、やはり相対論の効果が現れます）。

飛行機だ！　ロケットだ！　いや、地球だ!!

走る列車の中の人が測っても、本当に光の速さは変わらないのでしょうか。車両の後ろから前に走る光と、車両を横切って走る光は同じ速度なのでしょうか。これを実験で確かめるにはどうすればいいでしょう。

いうまでもなく、これを蒸気機関車や電車で確かめるのは困難です。そんなことができるなら、誰でも日常的に相対論効果を目にすることになって、相対論を奇妙とも思わずに受け入れていたでしょう。

蒸気機関車は案外速くて、時速150キロメートルで営業運転していた記録がありますす。けっこう頑張ってますが、光速と比べると1000万分の1ほどです。これでは相対論の検証実験はできません。

電車の営業速度は最高で時速300キロメートルほどで、蒸気機関車の倍ですが、やはりこれでも光速とは比べ物になりません。人類の発明したもっとも速い乗り物ロケットでもまだ遅いです。

けれどもわざわざ蒸気機関車や電車や飛行機やロケットをもち出さなくても、じつは天然自然にもっと速い乗り物があるのです。

地球です。

地球は秒速3万メートルという猛烈な速度で太陽の周りをめぐっています。秒速100メートルの新幹線や秒速300メートルの旅客機や秒速1万メートル程度のロケット（注1）をぶっちぎって優勝です。

なんのことはない、手鏡に自分の姿が遅れて現れるかどうかの実験をしたければ、列車をもち出さなくても、地面の上で行なえばよかったのです。

地球の太陽に対する速さは秒速3億メートルの光速に比べると1万分の1ですが、測定可能な程度の相対論効果を引き起こすことはできます。そして大事なことは、100年前の技術でも測定可能な程度だということです。

細かいことをいえば、太陽もまた秒速30万メートルほどのけっこうな速度で銀河系の中をめぐっていて、銀河系も他の銀河との共通重心の周りをめぐっていて、それらの運動を合成した地球の速度がどれほどかは、何に対してか指定しないと述べにくい「相対論的な」状況にあるのですが、とりあえずここでは太陽に対する運動を問題にしておきます。

（注1）種類や用途によっては、地球の年周運動の速度以上を出すロケットもあります。

史上もっとも有名な失敗実験

地球の運動によって光速にどれほどの影響が現れるか、確かめる実験は、アルバート・マイケルソン（1852〜1931）とエドワード・モーレー（1838〜1923）という二人の研究者によって行なわれました。1887年のことです。

この実験は1905年の特殊相対論の発表より前に行なわれました。順序からいうと、特殊相対論はこの実験結果を説明するための理論ということになります。けれども科学史家によれば、どうもアインシュタインはマイケルソンとモーレーの実験結果を知らずに特殊相対論に到達したそうです。さすがというか、うかつというか。

米国クリーヴランドの地下の実験室に組み上げられた、鏡とガラスからなる装置は、ある方向（たとえば南北）に進む光とそれに垂直な方向（東西）の光の速度を比べるものでした。光の速度がもし進む方向で異なるなら、その差がわかるようになっていたのです。

二人の実験は精密な結果を出すように周到に準備されました。実験を邪魔しないように、クリーヴランド中の交通機関が止められたといいます。

結果は……どんな方向でも、光の速度に違いは認められませんでした。

光速に違いが出ると思い込んでいたマイケルソンとモーレーは意外な結果に首をひねりました。世界の科学者も（アインシュタインを除いて）首をひねりました。

二人は半年後に同じ実験を繰り返しました。半年たつと地球の運動方向は逆になります。たまたま地球が静止に近い時期に実験をしたとしても、半年後には元気よく動いているはずです。しかしやはり光の速度は変わりませんでした。二人の装置は地球の速度がたとえ秒速1万メートルでも検出できるはずだったのですが。

マイケルソンとモーレーは光の速度の違いを測定することに「失敗」しました。これは史上もっとも有名な失敗実験です。

その後様々な研究者によって実験は繰り返され、精度が上げられ、最新のレーザーを用いた精密実験では、光速が1京分の1でも変化すれば検出できるところまできています。が、結果はやはり、光速不変です。相対論は1京分の1以上の精度で正しいことが確かめられているのです。

この不可解な「失敗」を説明しようと多くの人が挑戦しました。ヘンドリック・アントーン・ローレンツ（1853〜1928）、ジョージ・フランシス・フィッツジェラルド（1851〜1901）などは、動く物体が進行方向に縮むと考えました。相対論まであと一歩のところです。またアンリ・ポアンカレもおしいところまでいきました。けれども最終的な答えは、アインシュタインの相対論まで待たないといけませんでした。マイケルソンとモーレーの失敗実験は相対論の正しさを証明するものだったのです。

列車は光に追いつけない

光の速度は、列車の中で測っても、クリーヴランドの地下で測っても、どんな運動をする人が測っても同じです。これを「光速不変の原理」といい、相対性理論の2本の柱の一つです（もう1本の柱は「相対性原理」です）。

光速不変が成り立つため、列車の中では時間がゆっくりになり、前の車両の時計と後ろの時計がずれ、物差しが縮みます。その結果として列車の中の人にとっても光速が変わりません。自然は、光速を一定に保つためにこんなたいへんな変化をあちこちに加えるのです。

ただし乗っている人は「時計がゆっくりになったな」とか「後ろの車両の人が年をとったな」とか「物差しが縮んだな」などとその効果に気づくことはありません。それに気づくのは、列車の外の観測者です。

時間と物差しの変化は、列車の地上に対する速度が大きいほど顕著になります。列車が光速の半分で走ると、列車内の物差しは地上の87％に縮みます。時計の進みも地上の時計の87％です。

この物差しの縮みを求める計算式を（独立に）考えたのは前述のローレンツとフィッツジェラルドで、それにちなんでこの効果をローレンツ・フィッツジェラルド短縮と呼びます。フィッツジェラルドにはお気の毒ですが、しばしばローレンツ短縮と略されます。科学に名を残すには発音しやすい名前の方が有利なようです。

列車が光速の99％になると物差しは14％に縮みます。縮むのは進行方向だけなので、立っている乗客は薄っぺらい紙のような姿になります。が、本人はちっとも気づきません。列車の外で1時間たっても、車内の時計は10分も進みません。質量が増えて、乗客の体重は7倍になりますが、やはりこれにも乗客は気づきません。

光速の99・9999％になると、物差しは0・1％、体重は700倍になります。列車の外で1時間たっても車内では5秒です。光速不変の結果を出すには、こんな極端な物差しと時計を使わないといけません。

こうして列車の速度がどんどん光速に近づくと、車内の物差しや時計や体重は（外から見て）どんどんとんでもない値になっていきます。が、中の人は「異変」にちっとも気づかず、光速も変わらないと報告します。

こうやって列車の速度を上げていくと、やがては光に追いつき追い越すでしょうか。残念ながら、それは無理です。

列車内の人が光速を測定して、「地上の値と変わらない」という結果を得られるのは、列車が光速より遅い場合だけです。列車が光に追いつき追い越すようだと、列車の中の人にとって光速不変が成り立たなくなってしまうのです。そうなると相対性は破綻し、マイケルソンとモーレーの実験をはじめあらゆる実験結果に反することになります。

乗り物でも自然の現象でも、光速を超えることはできないというのが相対論の重要な結論です。

去年、アンドロメダで

特殊相対論以前、物の速度に限界があるとは誰も思いませんでした。

自然界を詳しく探せば、光より速い粒子や波動が見つかって、230万光年離れたところにあるアンドロメダ銀河で去年起きた出来事も、そういう粒子や波動を使ってただちに知ることができるのでは、という漠然とした期待が以前はありました。また、ロケットは発明されていませんでしたが、将来科学技術の進歩によって光速を超えて旅行できるのでは、と空想することも可能でした（今でも空想するだけなら可能ですが）。

けれども相対論はそういう希望を打ち砕きました。去年アンドロメダ銀河で起きた出来事を今知ることはできません。230万年たたないと、そのニュースは伝わってこないのです。となりの星までたどり着くには絶望的に遅い乗り物に何年も閉じ込められないといけないのです。
この宇宙は寿命の限られた人間が旅して回るには広すぎて、人類はそのほとんどを知ることなく終わるのです。

相対論によれば、去年、アンドロメダ銀河で起きた出来事を知ることができないばかりか、そもそも去年アンドロメダ銀河で何か起きたという認識すら危うくなります。アンドロメダ銀河のような遠方なら、光速の99%などという非常識な速度でなくても、せいぜい時速300キロメートルくらいで、相対論効果は現れます。時速300キロメートル程度の高速鉄道なら珍しくないし、乗客と携帯電話で会話もできます（デッキで話しましょう）。

相対論によれば、地上の観測者と高速鉄道の乗客とでは、時刻がくい違います。列車の前方遠くと遥か後方で特にずれがひどくなります。列車内の観測者にとって去年アンドロメダ銀河で起きた出来事は、地上の会話相手にとっては、まだ起きていなかったり、おとしの出来事だったりするのです。
すると「去年、アンドロメダ銀河で」などという会話は成立しません。

どんな出来事がいつ起きたか、運動する観測者と話はくい違う

距離 230 万光年
去年、アンドロメダ銀河で会ったよね
アンドロメダ銀河
時速 300km
私の座標系だとその出来事は起きてないです

相対論によると、時間や時刻や距離や質量は、観測者によって異なる。
時速 300km で運動する観測者にとって、去年アンドロメダ銀河で起きた出来事は、止まっている観測者にとってはまだ起きていない。

「私の座標系では、それはまだ起きてないよ」あるいは「おととしの出来事だけど」といわれてしまいます。

相対論は、それまで誰が見ても宇宙のどこでも変わらないと思われていた時間や距離や質量が、観測者によって異なることを明らかにしました。まあ、光の速度というような、誰が測っても変わらない量があることも同時に教えてくれたのですが。

宇宙の果て ── 観測の限界

アインシュタイン、ニュートンに挑む

さて特殊相対論（と当時は呼ばれていませんでしたが）を発表したアインシュタインは、それに満足せず、一般相対論の構想を練り始めました。なんとも貪欲な頭脳です。

一般相対論は、重力を説明する理論です。

その200年ほど前にアイザック・ニュートンが「万有引力の法則」と物体の運動法則とついでにそれらを記述する数学をセットで提供し、これによって重力理論は完成したと思われていました。名づけて「ニュートン力学」は、惑星の軌道も彗星の周期も高精度で予測できました。

けれどもアインシュタインの目には、200年を経たニュートン力学のほころびが見えました。

たとえばニュートン力学では、慣性質量と重力質量が等しい理由が説明できません。それは偶然の一致ということになります。

「慣性質量」とか「重力質量」とか、また小難しい用語が出てきたと警戒しなくても大丈夫です。さほど難解なことはいってません。

誰でも子供のころに確かめたと思いますが、磁力は磁石と磁石、あるいは磁石と鉄のあいだに働きます。その力の強さは材質によりますが、磁石や鉄の質量には関係ありません。磁石のかけらは重い鉄にも軽い鉄にも等しくくっつき、どんな質量であれ木材やガラスは（ほとんど）引き寄せられません。

けれども重力の強さは材質にはよらず、質量によって決まります。地球は、質量が2倍の鉄の塊を2倍の重力で引っ張り、3倍の木材は3倍の重力で、100倍のガラスは100倍の強さで引き寄せます。

ある加速度で物体を動かすのに、質量が2倍だと2倍の力が、100倍の質量には100倍の力が必要です。重力の強さは質量に比例するため、結果として、2倍の鉄も3倍の木材も100倍のガラスも重力の下では等しい加速度で落下します（空気の摩擦のないところで）落下する物体を観察しても、材質が何かあてるのはできないのです。

2倍の質量には2倍の重力が働く。あらゆる物体は重力の下で材質によらず等しい加速度で運動する。これを難しくいうと、「慣性質量と重力質量は等しい」となります。どうして重力は質量に比例するのでしょう。磁力や電気力など、自然界の他の力はそんなことはありません。重力だけの不思議な性質です。ニュートンにはこの理由がわかりませんでしたが、世界でただ一人、アインシュタインには見当がついていました。

重力は時間と空間のゆがみなのです。

卵のパックを記述する数学

1915年から1916年にかけて、アインシュタインは数編の論文を発表します。そこには、またもや人類の宇宙観を一変する理論が述べられていました。一般相対性理論です。

一般相対論は微分幾何学やテンソル解析という高度な数学で記述されています。(本当にそのような数学テクニックが必要なのか、なくても相対論を理解できるのではないかと筆者は疑っていますが、それはさておき）大学で相対論の授業を受けると微分幾何学やテンソル解析がもれなくおまけについてきて、学生を呻吟《しんぎん》させます。

さすがのアインシュタインにも、この数学を会得し、ついでに自分の理論に足りない部分を開発するのは容易なことではなく、一般相対論の論文は着想から発表まで何年もかかっています。また幼なじみの数学者マーセル・グロスマン（１８７８〜１９３６）に手伝ってもらった論文もあります。

そういう高等数学について講釈することは本書の範囲を超えますので残念ながら割愛しますが、物足らないとおっしゃる方は大学の教科書を御覧ください（注1）。

一般相対論からそういう高等数学を割愛すると、アインシュタインのいいたいことが二つ残ります。一つは、質量がどのように時間と空間をゆがめるかについてです。もう一つは、ゆがんだ時間と空間内で物体がどのように運動するか、その運動法則です。

さて時間と空間がゆがむというのはどういうことでしょうか。数学を使おうが使うまいが、これは飲み込むのが難しいアイディアです。

平らな紙にコンパスで円を描くと、その円周は直径に円周率をかけたものです。そうならなかったら、紙（平面）がゆがんでいるのでしょう。たとえば卵を入れる紙パックのように山あり谷ありのでこぼこした紙なら、うまく円を描けたとして、その円周が直径×円周率になるのは望み薄でしょう。卵パックの表面という二次元空間はゆがんでいるのです。

私たちの暮らす三次元空間も、卵パックほど極端ではありませんが、ゆがんでいます。質量の周囲に円を描くと、円周が直径×円周率になりません。それよりちょっと短くなります。

この差は大変わずかで、50キログラム程度の質量の周囲に半径1メートルのヒモで円を描くと、その円周は円周率×2メートルより原子の大きさほど短くなる計算です。あまりにもわずかなので、50キログラム程度の質量の重力はほとんど検出できません。

また、質量の近くでは時間がゆっくりになります。床で1秒たつ間に、1メートルの高さのテーブルの上で、卵は1京分の1秒ほどよけいに賞味期限に近づきます。100メートルの高度で暮らす人と、地下100メートルで過ごす人では、過ごす人生の長さが1日に0・2ナノ秒、すなわち100億分の2秒ほど違います。

こういう卵パックのようにゆがんだ時間と空間をボールや光線が通過するとき、その経路はくにゃりと曲がります。それが重力を受けた物体の軌道です。アインシュタインによれば、これが重力の正体です。

しかもこのとき物体は、鉄でできていてもガラスでできていても、同じカーヴを描きます。原子1個でも質量100キログラムでも同じ軌道になります。

これはアインシュタインの好みのいい回しだと、慣性質量と重力質量は等価ということになります。重力の正体が時空のゆがみだとすると、ニュートンの理論では説明できなかった等価原理が自然に説明できるのです。アインシュタインのもくろみ大成功です。

（注1）名著といわれる相対論の教科書は何冊かありますが、数学を使わないで一般相対論まで議論する試みとして、拙著『宇宙一わかりやすい相対性理論』（すばる舎）を宣伝させていただきます。

アインシュタインの隠し子

宇宙に点在する星やら質量やらによって、この時空は卵のパックのように（というとちょっと大げさですが）あっちで膨らみこっちでへこみしていることがわかりました。私たちの宇宙の、全体の形はそれではどうなっているのでしょうか。

「宇宙全体の形」などという概念は、それまで神話か哲学のあつかうしろもので、科学者がまじめにとりあうものではありませんでした。まじめにとりあえといわれたとしても、どうすればいいのかわかりませんでした。それが一般相対論の出現により、数式を使って、具体的に議論できるようになりました。転落なのか格上げなのかわかりませんが、アインシュタインによって、宇宙論は神話や哲学から科学の一分野になったのです。

アインシュタインは自分の作り出しつつある一般相対論を宇宙に適用してみました。宇宙の形として、有限で、数百万光年か数億光年か進んでいくと、元の場所に戻ってしまうようなモデルを考えてみました。卵のパックのようなでこぼこは複雑すぎるので無視して、宇宙の時空はどこでも同じと仮定しました。これを「一様等方なモデルを採用した」といいます。

そしてそのモデルの数値を重力の方程式に代入してみて、アインシュタインは狼狽しました。一般相対論の数式からは、そのような宇宙が不安定であることが導かれるのです。つまり、宇宙の大きさは時間とともに変わり、あっというまに（地球に生命が発生して人類が歴史を粘土板や亀の甲羅に刻むまもなく）縮んでつぶれてしまったり、逆に際限なく広がっていったりするのです。

宇宙は変わらぬ形で過去永劫未来永遠に存在するものと期待していたアインシュタイン

はあれこれ悩んだ末、重力方程式に手を加えることにしました。宇宙項と呼ばれる定数をつけ加え、安定な解が存在できるようにして発表したのです。

一般相対論は大きな反響を呼びました。水星の近日点移動、日食の際の星のずれなど天文現象を予測することに成功し、一般相対論は観測からも実証されました。アインシュタインは天才と呼ばれ、スター科学者となりました。

しかし宇宙項は、一般相対論の数式の中で、アインシュタインの誤りが露見するその時をじっと待っていたのです。時限爆弾か、あるいは世間から隠されて育てられた私生児のように。

ところであまり知られていませんが、アインシュタインはまだ特許局に勤めていたころ、交際していた女性を妊娠させています。

未婚の女性の妊娠は、現在でもスキャンダル扱いですが、100年前のヨーロッパではますます許されません。彼女は世間の目を逃れ、スイスを離れ、ハンガリー(現セルビア)で非嫡出子を出産します。

女児は生まれたあとすぐに養子に出されたと推定されますが、後世の科学史家の調査でも、老年のアインシュタイン自身の捜索でも行方がわかりませんでした（アインシュタインが、子供を見つけ出すという怪しげな申し出に乗せられた形跡が残っています）。

交際相手の女性は、アルベルト・アインシュタインの一番目の妻ミレーヴァとなりました。

結婚によっても、アルベルトのある種の社交性と積極性は抑制されなかったようで、おそらくは怒号や皿やカップが飛び交う家庭内争議の末、二人は離婚し、アルベルト・アインシュタインは二番目の妻エルザを迎えます。

残された書簡によれば、アルベルトはまだ懲りず、エルザとの間にも似たような争議が勃発したようですが、それはさておき、宇宙論的争議の焦点である宇宙項に話を戻しましょう。

この膨張する宇宙

天文学者エドウィン・ハッブル（1889〜1953）は、遠くの銀河の距離と速度を調べました。

銀河は何百億もの星の大集合です。230万光年先のアンドロメダ銀河もその一つですが、広い宇宙の中で230万光年はほんのとなりです。ハッブルはもっと遠くの銀河がどれほどの速度で近づいているのか遠ざかっているのか測り、図にしました。じつをいうとハッブルの最初の図は数えるほどの銀河しかふくまれておらず、その貧弱な図から何か傾向を見出すのは大天文学者ハッブルにして初めて可能な離れ業なのですが、ともあれ結論は正しいものでした。

遠くの銀河はどれもこれも全速力で我らが銀河系から遠ざかっていて、しかも遠ければ遠いほど速いのです。

これは何を意味するのでしょうか。相対論の発表以来、その数式を夢中でいじり回していたジョルジュ・ルメートル（1894～1966）やジョージ・ガモフ（1904～1968）はこの発見の意義にピンときました。

この宇宙は膨張しているのです。宇宙はこの瞬間にも大きくなっていて、そのため遠くの銀河は私たちから逃げつつあるのです。アインシュタインの重力方程式に、膨張解や収縮解が現れたのも当然です。そういう解の一つが、この宇宙を表す正しい解だったのです（そういう解はいくつもあって、どれが正解かはいまだにわかっていません）。

遠くの銀河が私たちから逃げつつあるからといって、私たちの銀河系が特殊な位置を占めるとか、宇宙の嫌われものだというわけではありません。宇宙はどこも等しく膨張しているので、遠くの銀河の住人は、やはり周りの銀河が住人から逃げつつあるのを観測します。

また、膨張宇宙モデルでは、広大な空間内を銀河が飛び散って飛んでいくわけではありません。銀河を内包する空間そのものが膨張しているのです。

宇宙が膨張しているということは、過去には宇宙が小さかったことになります。１３７億年前、宇宙は点のように小さく、あらゆる物質がギュウギュウに圧縮された高温高密度の状態でした。宇宙の全物質はその一点から超光速で飛び出してきたのです。宇宙は大爆発から始まったのです。

この膨張宇宙モデルに最初アインシュタインは難色を示しました。定常宇宙にこだわり、そんな解を提案するのは物理的センスに欠けると批判したといわれます。

多くの科学者も最初懐疑的でした。膨張宇宙反対派のフレッド・ホイル（１９１５～２００１）は揶揄《やゆ》半分にこれを「ビッグ・バン理論」と呼びました（なかなかセンスのある人でした）。

けれども膨張宇宙を支持する観測データがだんだん増え、研究者の間に膨張宇宙モデルが広まると、アインシュタインもしぶしぶビッグ・バンを受け入れました。

そうなると、定常解を成立させるために一般相対論に無理やり加えられた宇宙項はもう必要ありません。アインシュタインは宇宙項を加えたことを「最大の失敗」と呼んだといいます。

もっとも、最新の観測データが示すところによると、やはり一般相対論に宇宙項はあってもいいようです。宇宙項を加えて得られた解の方が、宇宙の膨張の時間変化をよく説明するという研究があります。アインシュタインは嘆いたほどには間違ってなかったのかもしれません。ただしこの説もまたそのうちにひっくり返ることがないとはいいきれませんが。

生みの親に邪魔者扱いされたりまたあとで必要とされたり、生い立ちの複雑な宇宙項ですが、これについてはまたあとの章で触れます。

時間と空間の果て

宇宙膨張の発見によって、人類の知識にまた別の限界があることが判明しました。137億年前にビッグ・バンで始まった宇宙は、それより過去をもちません。ビッグ・バン以前、空間も時間もありはしませんでした。人類の知識は137億年より遡ることができません。

時間も空間もないところからどうやって宇宙がまろび出てきたか、今のところ誰も説明できません。現代の相対論も量子力学も、宇宙初期、あらゆる物質とエネルギーが一点に集まる極限状態をうまく取り扱えません。

将来、量子力学と相対論を統合した統一理論が完成すれば、宇宙の始まりもある程度説明できるだろうと期待されていますが、誰も統一理論を見たことがないので確かなことはいえません。

そういう統一理論ができたとしても、やはり137億年前で人類の知識がちょん切られることは変わらないでしょう。137億年前には知識を断ち切る壁がそびえているのです。

宇宙の果て

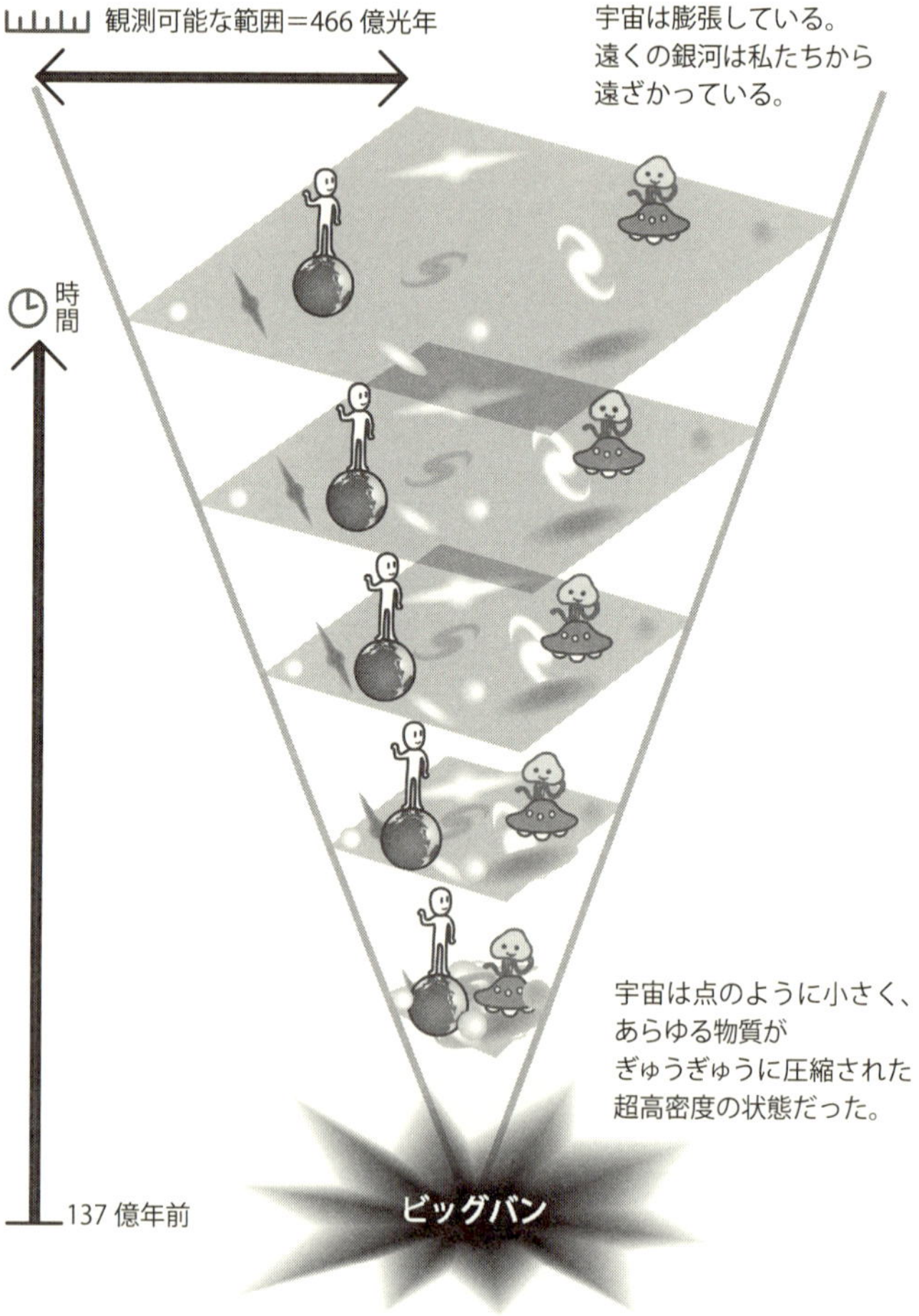
観測可能な範囲＝466億光年
宇宙は膨張している。
遠くの銀河は私たちから
遠ざかっている。
時間
宇宙は点のように小さく、
あらゆる物質が
ぎゅうぎゅうに圧縮された
超高密度の状態だった。
137億年前
ビッグバン

137億年という時間の限界は、空間の限界も定めます。光がある地点から私たちのところに届くまでには時間がかかります。私たちが夜空を見上げると目に入る銀河からの星は、何万年、何億年、何十億年もかけて宇宙を渡ってきたものです(注2)。

だから、私たちが観測できる光や粒子や波動は137億年前のものがせいぜいです。計算すると、137億年前に光や粒子や波動を放った天体や物質は、現在466億光年先にあります(そして猛スピードで遠ざかっています)。だから、私たちが現在観測できる距離の限界は466億光年といえるでしょう。私たちは半径466億光年の卵の中に閉じ込められていて、それより遠くは観測できません(この殻の半径は1年に3光年ほどの割合で広がっています)。

けれども、たとえ観測できなくても、そこから先はどうなっているのか聞きたくなるのが人情というものでしょう。

そこから先しばらくは、私たちの近隣と似た光景が広がっていると考えられますが、どこまでそれが続いているか、じつはよくわかりません。どこまでもどこまでも無限の宇宙が広がっていて、遠くの方は光の何百倍、何億倍、何兆倍もの速度で膨張しているというめまいがするような宇宙モデルもありますし、無限の彼方まで行かなくても、何千億光年か行けば元の場所に戻ってくるような、最初のアインシュタイン・モデルに似たモデルも提案されています。今のところ、どの宇宙モデルが正しいか、観測データからはわかりません。

（注2）あまりに遠方からの光は（異常に明るい爆発現象でもないかぎり）微弱すぎて「目に入り」ません。肉眼だと230万光年先のアンドロメダ銀河がせいぜいでしょう。

タイム・マシン──ホーキングの時間順序保護仮説

過去へスイスイ未来へドンドン

さて次は、人間の知識や観測に限界があるばかりでなく、じつは自由意思にも制約があるかもしれないという話をしましょう。日々の行動を決めている私たちの自由意思というものは幻想かもしれず、しかもそれは相対論から制限されるというのです。

タイム・マシンや時間旅行は人類普遍の夢でしょう。便利な未来道具を借りてきたい、明日の株価や円相場が知りたい、あるいは過去に戻ってあの恥ずかしい失敗をなかったことにしたい、歴史の現場に立ち会いたい、たった一人の私の友達を守りたい等々、時間旅行が実現できたら人それぞれかなえたい望みがあるでしょう。過去へスイスイ未来へドンドン行けるタイム・マシンは映画小説漫画の中ではおなじみの小道具です。

映画小説漫画でなく、タイム・マシンを研究対象としてあつかう学問分野を相対論といいます。相対論はタイム・マシン製造にも役立つ（かもしれない）のです。

多くの創作において、時間旅行者は過去へスイスイ未来へドンドン出かけていきますが、その2方向には難易度において大きな違いがあると思われています。未来への旅行は比較的簡単に実現可能ですが、過去への旅行はできるかどうかわかりません。過去へのタイム・マシンを作った人もいなければ、不可能だと誰もが納得できるように証明した人もいません。

未来へのタイム・マシンを実現する方法は、すでに述べた中にヒントがあります。光速に近いロケットや列車は、未来へのタイム・マシンとして使えるのです。

最初の節で述べたように、光速の99・9999％のロケットや列車の車内で5秒たつと、外界では1時間たっています。車内で1日過ごせば外界で約2年、50日過ごせば100年です。宇宙旅行から帰れば浦島太郎です。これは未来への時間旅行をしたことになります。

他にも、ブラック・ホールや中性子星など超強力な重力をもつ天体の近くで過ごすと、帰ってきたときやはり故郷が年月を経ているのに気づくことになります。

このように、未来への時間旅行は、光速に近い列車の開発や、乗客をぐちゃぐちゃにしない安全な加速方法など様々な技術革新を経なければならないものの、原理的には実現可能です。飛行機や加速器での相対論効果はすでに実測されているので、未来への時間旅行は（しょぼいながらも）すでに実現しているといえます。

未来へはそういう我慢型タイム・マシンで時間をかければ行けますが、過去への時間旅行は、今のところうまいやり方が見つかっていません。

バック・トゥ・ザ・パスト

クルト・ゲーデル（１９０６〜１９７８）は、一般相対論の解として特殊な宇宙を考え出しました。その宇宙では、あるルートを光よりちょっとだけ遅いロケットで旅行すると、出発時刻より過去に戻ることができます。タイム・マシンで過去に行ける宇宙なのです。

残念ながら、現実の宇宙はゲーデルの解と異なり、このタイプのタイム・マシンは不可能なようです。けれどもゲーデルの発見によって、相対論をあれこれいじくるとタイム・マシンが可能になることがわかりました。ここからタイム・マシンが相対論のまじめな研究対象となりました。

とはいっても、タイム・マシンの研究は相対論という学問分野のごく一部で、論文数も学会発表もさほど多くありません。また、研究者も気恥ずかしいのか「タイム・マシン」ということばは用いません。「閉じた時間曲線」という符丁じみた専門用語を使います。「タイム・マシンは可能か」ではなく、「閉じた時間曲線は存在するか」を議論するわけです。

ゲーデル宇宙のような特殊な宇宙でなく、この宇宙で可能なタイム・マシンとして、フランク・J・ティプラー教授（1974〜）は、大質量の円筒を提案しました。巨大で大きな質量をもつ円筒を高速回転させると、その周囲をめぐる旅行者は出発時刻に帰還するというのです。ティプラー教授の元々の案では、太陽数個分の質量の円筒を1秒に数十億回回転させれば実現できるのでは、とのことでした。

またジョン・リチャード・ゴット三世という第1章でも登場したプリンストン大教授は、コスミック・ストリングを用いるタイム・マシンの作り方を発表しました。コスミック・ストリングとは、極めて重い、ひも状の物体です。1メートル当たり、地球200個分もの質量があります。このような異常な物体がビッグ・バンの際にできて、宇宙にただ

タイム・マシンの作り方

◆ ティプラーの円筒

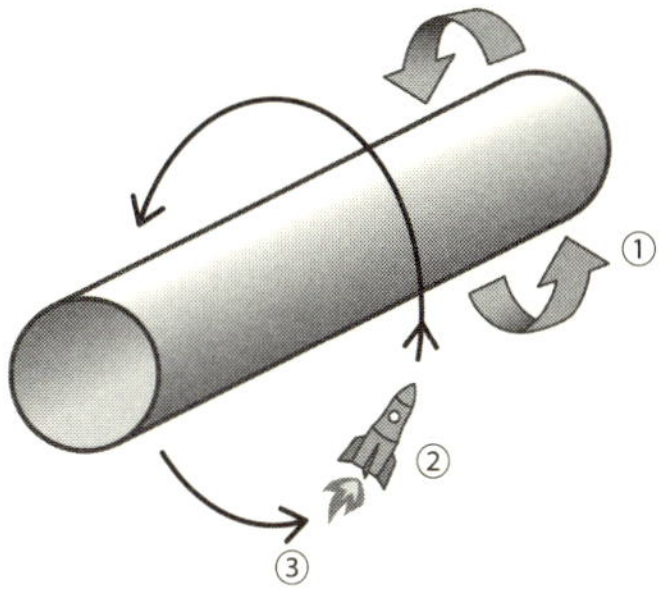

1. 極めて重い円筒を
   高速回転させる
2. その周囲を高速でひと回り
3. すると出発時刻に帰ってくる
   閉じた時間曲線のできあがり

◆ コスミック・ストリングの方法

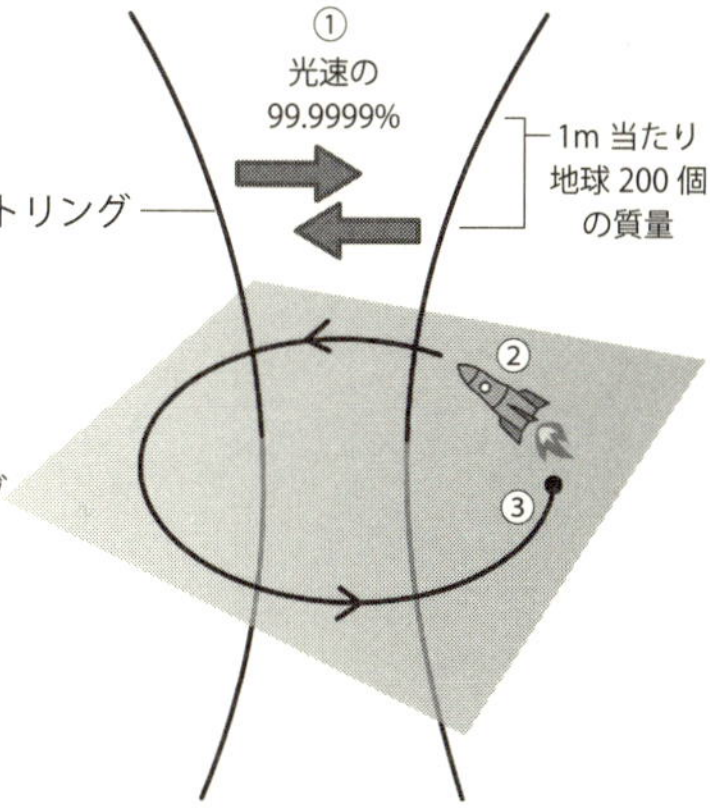

1. 2 本のコスミック・ストリング
   を高速ですれ違わせる
2. その周囲を高速でひと回り
3. すると出発時刻に帰ってくる
   閉じた時間曲線のできあがり

ほかに、ワーム・ホールを利用する方法などが提案されているよっているという説がありますが、まだ見つかっていません。

このコスミック・ストリングを2本、特殊な配置にして、その周りを高速の宇宙船で一周します。一般相対論を用いて計算すると、宇宙船は出発時刻に戻ってきます。タイム・マシンのできあがりです。

ホーキング教授の「時間順序保護仮説」

1991年、ゴット三世教授の「タイム・マシンは実現可能」という発表は世間を大いに盛り上げたのですが、半年後、ケンブリッジ大のスティーヴン・ホーキング教授（1942〜）は、タイム・マシンそのものを否定する「時間順序保護仮説」という論文を出し、熱くなっていたタイム・マシン業界に冷水を浴びせました。

その論文でホーキング教授は、これまで提唱されたティプラー円筒やコスミック・ストリングではうまくタイム・マシンが作れないことを数学的に証明してみせました。ティプラー円筒もコスミック・ストリングも、無限に長くないとタイム・マシンとして働かないのです。無限に長い円筒やコスミック・ストリングが宇宙のどこかに存在しないとはいいきれませんが、見つけるのはかなり難しそうです。

「高度に発達した文明は、時空間を折り曲げて、閉じた時間的曲線を作り出し、過去に旅行できるようになるかもしれないといわれている……」

と、なんだかわくわくする書き出しのホーキング教授の論文は、タイム・マシンが不可能だというがっかりするような結論に至ります。ティプラー円筒やコスミック・ストリングやワーム・ホールや、他のどんな方法でも、過去に戻ることはできないというのです。

「物理法則は閉じた時間的曲線を許さない」とホーキング教授はいいます。「時間順序保護仮説」とは、要するに過去に戻るタイム・マシンや時間旅行が不可能だという仮説です。ホーキング教授はタイム・マシンが不可能だという強い信念を抱いているようです。もしも過去に旅行ができると、人間に自由意思が認められなくなるとホーキング教授は心配します。タイム・マシンが自由意思を否定するとはどういうことでしょうか。

祖父殺しのパラドクス

無限に長いティプラーの円筒やコスミック・ストリングが運よく見つかって、あるいは未知の超技術が開発されて、過去への時間旅行が可能になったとすると、ただちに宇宙を揺るがす重大な疑問が生じます。

過去は変えられるでしょうか。

この問題は、どういう屈折した人が考案したのか、「祖父殺しのパラドクス」と呼ばれています。その議論は次のように続きます。

もし時間旅行者が過去に戻って、自分の祖父を、若いころに殺したらどうなるでしょうか。

祖父は子供をもうけることはできず、したがって時間旅行者は生まれてこず、時間旅行者が自分の祖父を殺すことはできなくなります。すると祖父は子供をもうけ、時間旅行者が生まれてきて、祖父を殺しに過去に戻って……。

これはパラドクスです。タイム・マシンで過去が変えられるとすると、パラドクスに陥るのです。

このパラドクスを避けるにはどうすればいいでしょうか。

過去に戻っても祖父を殺さないように気をつけて行動するというような答えではぜんぜん駄目です。殺さなくても、祖父と挨拶を交わしただけで、祖父が子供に受け渡す染色体の組み合わせが変わってしまうかもしれません。Ｙ染色体の代わりにＸ染色体が受け渡されれば、息子の代わりに娘の誕生です。親の性別が変わってしまえば、時間旅行者が生まれてくるのはかなり難しくなるでしょう。時間旅行者は些細な行動で自分の存在を危うくできるのです。

時間旅行者は過去に戻ってもあらかじめ定まった行動しかとれないとすると、祖父殺しのパラドクスを避けることができます。時間旅行者は祖父を殺すことも、自分の存在を危うくすることも、過去を変えることもできないというわけです。時間旅行者は過去に記録されているとおりの行動をとり、あらかじめ定められた人と挨拶を交わし、あらかじめ定められた空気分子を呼吸します。それが自然の課したルールだというわけです。

これは自由意思の否定だ、と考える人もいます。ホーキング教授もそういう意見のようです。

過去に戻った時間旅行者が、過去に記録されているとおりの行動しかとれないということは、その時間旅行者のやることなすこと全て予想できるということです。そもそも予想不能なのが自由意思であり知性であり人間というものではありませんか。予想可能な、定められたとおりの行動を繰り返す時間旅行者。これが人間存在に対する侮辱でなくて何でしょうか。宇宙は決してタイム・マシンを許しません！

だいぶ意訳ですが、これがタイム・マシン否定論者のいわんとするところです。

議論は分かれて果てもなく

タイム・マシンが不可能なら、たしかに祖父殺しのパラドクスは解決です。けれども一部の研究者はこのシンプルすぎる解法に納得していません。

過去への時間旅行者があらかじめ定められた行動をとることに、何の問題もないという反論があります。たとえば「宇宙より大きなトマトになりたい」と願っても実現はできません。自由意思が実現できるのは物理的に可能な行動にかぎられます。時間旅行の場合は、あらかじめ定められた行動だけが物理的に可能な行動なのだというのがタイム・マシン肯定論者の主張です。

自由意思などというやっかいなものをもち出さなくても、祖父殺しのパラドクスを議論できるという指摘もあります。過去に送られたビリヤードの玉が、自分自身とぶつかってコースを変えるかどうか議論すればいいというのです。もし過去の玉が、ちょうどタイム・マシンの入り口に向かって転がっていくところだとしたら、そして未来からの自分と衝突してコースをそれてしまったら……。これは形を変えた祖父殺しだというわけです。

そして過去の玉と未来からの玉が衝突するビリヤードで奇妙なのは、過去の玉の状態から未来が決定できないということです。玉は、突然現れた未来からの玉によってコースを変えられてしまうかもしれません。

過去の状態から未来の状態を着々と計算するのが力学です。古典力学でも量子力学でもそれは変わりません。過去の状態から未来が決定できないとなると、物理学の根底が脅かされてしまいます。

いや、物理学の根底が脅かされることはない、と別の研究者はいいます。未来からの玉も含めて、未来は量子力学的手法で計算できるのだそうです。

結局、祖父殺しのパラドクスはどう解決されるのか、諸説入り乱れてわかりません。タイム・マシンが実現不能だというつまらないが広く受け入れられている解法が正しいのかもしれません。

どんなに強く否定されても、あんな夢こんな夢をかなえてくれるタイム・マシンは魅力的な研究対象です。その相対論的製作に取り組む人はつきないでしょう。

そのうち未来人が現れて答えを教えてくれるかもしれません。

第4章

量子力学

位置か運動量か、それが問題だ——不確定性原理

量子力学はミクロのルール

量子力学は、原子や電子や分子などミクロの物体の振る舞いを説明する体系です。20世紀初め、そうしたミクロの世界のルールは、どうやら日常的な物体を支配する物理学と全然違うらしいとわかりました。世界中の天才科学者がよってたかってそのルールを解明し、量子力学を構築しました。

以来、科学者は入れ替わり立ち替わりミクロの世界の探求を続け、理解は深まり、工業的な応用も花開きました。素粒子物理、宇宙論、物性物理、統計力学、量子化学、原子核物理、天体物理学など、すべて量子力学を基本としています。原子力、レーザー、電子工学、新素材等々、現代社会には量子力学の応用工業製品があふれています。20世紀は量子力学の世紀といえるでしょう。

量子力学のルールは、日常の常識からかけ離れています。そのため黎明期から研究者はその解釈をめぐって侃々諤々《かんかんがくがく》の議論を繰り広げてきました。その議論は今も続いています。ミクロの世界のルールは、ある種の事柄が原理的に知ることができないということを前提に成り立ちます。本書のテーマとも重なりますので、簡単に見ていきましょう。

宇宙よりも遠いミクロの世界

量子力学のルールによると、ミクロな物体の物理量は何でもどこまでも精確に測定するわけにはいきません。たとえばミクロな粒子の位置を精確に測定すると、その粒子の運動量が精確にわからなくなります。位置と運動量は同時に精確に測定できません。このことを、「位置と運動量は相補的」であるといいます。

というような説明が量子力学の解説書には載っているのですが、まあなんとも理解しがたい説明です。

まず位置と運動量といわれても、それがいったい何なのか、ある程度の理科教育を受けていないと飲み込めません。それを同時に測定するのだといわれても、いったいどうしてそんなややこしいことをしないといけないのかわかりません。しかも次はそれが測定できないのだというのですから、論理の流れがさっぱり読めません。この話はいったいどこへ向かっているのでしょうか。なぜ測定できないものをわざわざ得意げにいいたてなければならないのでしょうか。測定できるとかできないという隔靴掻痒《かっかそうよう》なお話ではなく、ミクロの世界の物理法則をずばり教えてもらえないでしょうか。

残念ながら、量子力学の解説は抽象的で隔靴掻痒にならざるを得ません。なぜなら、ミクロの世界は直接ふれたり見たりできず、その法則は日常卑近な現象にあてはめて実感することができないためです。

たとえば、電子というミクロな粒子の振る舞いは、野球やテニスのボールの軌道とまったく違います。電子を表す波動関数は壁を通り抜け、2個の穴を同時に通過します。電子は常に「自転」し、止めることができません。日常生活に登場するどんな物体もこんな性質をもちません。

一方、たとえば宇宙もまた直接ふれることができない世界です。太陽や月や惑星、近くの恒星など、肉眼で観察できる天体もありますが、遠くの恒星や銀河、中性子星やクエイザーなど、圧倒的多数の天体は観測装置の助けがないと見られません。

けれども天体の法則は日常生活を支配する法則と同じです（そこを明らかにしたのがガリレオやニュートンの偉いところです）。リンゴの落下を観察すれば、天体の運動法則も類推できます。気体の膨張や光を放つ炎を調べれば、その法則は宇宙に漂うガスや輝く恒星にもあてはまります。こういう点で、宇宙の法則は理解が難しくありません。

つまり、ミクロな世界は宇宙よりも日常からなお遠く、そこを支配する法則は初学者を悩ませ、研究者はなおも納得できずに議論を続けているというわけです。

不確定性原理 ── ある種の物理量が同時に精確に測定できない

では量子力学の議論は抽象的で常識はずれなものとあきらめて、位置と運動量の話題に戻りましょう。

野球やテニスのボールの位置は見ればわかりますが、私たちが見ればわかるというとき、太陽なり白熱灯なりＬＥＤ照明なりからの光がボールを照らし、その光が私たちの目に入っています。

けれども光というのは光子という微細な粒の膨大な集まりです。その光子の１個１個が運動量をもっています。

運動量というのは、物体の運動の「勢い」を表す量で、物体の質量と速度を掛け算したものです(注1)。重い物体ほど運動量は大きく、また速く運動するほど運動量は大きくなります。

1個の（可視光の）光子の運動量は大変小さく、子供の投げた野球のボールの10^{-28}倍ほどです。こんな些細なものがいくら降り注いだところで、ボールの軌道の変化はわからないでしょう。

けれども、と量子論の創設者の一人、ヴェルナー・カール・ハイゼンベルク（１９０１～１９７６）は説明します。けれどもこのような光子がミクロの粒子にぶつかると、その影響は無視できません。たとえば電子というミクロな粒子がボール程度の速度で飛ぶと、その運動量は可視光光子の１００分の1です。こんな光が電子にぶつかると、電子はどこかにすっ飛んでしまいます。これでは電子の位置は測定できるかもしれませんが、そのときの運動量がわからなくなってしまいます。

どうも、光子を使って電子の位置を測定すると、光子との衝突のため、電子の運動量が乱されてしまうようです。電子の運動量は、光子の運動量程度の不確定性をもちます。

この乱れをなるべく小さくするため、運動量の小さな光子を使うのはどうでしょうか。運動量の小さい光子ほど波長が長いという関係があります。波長＝h／運動量、という関係です。ここでhはプランク定数と呼ばれる物理定数で、6×10^{-34}ジュール秒という微細な量です。ジュールはエネルギーの単位です。

こういう関係を利用して、なるべく波長の長い光子を使ったら、運動量と位置をより精確に測れないでしょうか。

ところが、とハイゼンベルクは意地悪く続けます。波長の長い光を使う顕微鏡では、対象の位置が精確にわかりません。その位置の不確定性は用いる波長より小さくできません。

結局、光子を電子にあて、その反射光をとらえて電子の位置と運動量を測定する「ハイゼンベルクの顕微鏡」では、位置と運動量が不確定になります。その不確定の量は、どんなに顕微鏡の仕組みを工夫しても、

位置の不確定性×運動量の不確定性＞h

と、プランク定数より大きくなってしまいます。

これは、このハイゼンベルクの顕微鏡だけの特殊な問題ではありません。他に、どんな測定装置を用いても、ミクロの粒子の位置と運動量は、原理的にプランク定数より精確には測定できないのです。

この式は、「ハイゼンベルクの不確定性原理」、あるいは単に「不確定性原理」と呼ばれ、量子力学の基本原理です。量子力学は、ある種の物理量が同時に精確に測定できないというルールの上に作られているのです。

（注1）あまり混乱させたくありませんが、運動量＝質量×速度という関係は、静止質量が0の光子にはあてはまりません。

ハイゼンベルクの顕微鏡というたとえ話

ハイゼンベルクが不確定性原理を説明するために創案した「ハイゼンベルクの顕微鏡」は、実用的な発明ではなく、ある種のたとえ話です。

このたとえ話には、よく考えるとちょっと怪しい点があります。

ハイゼンベルクの顕微鏡

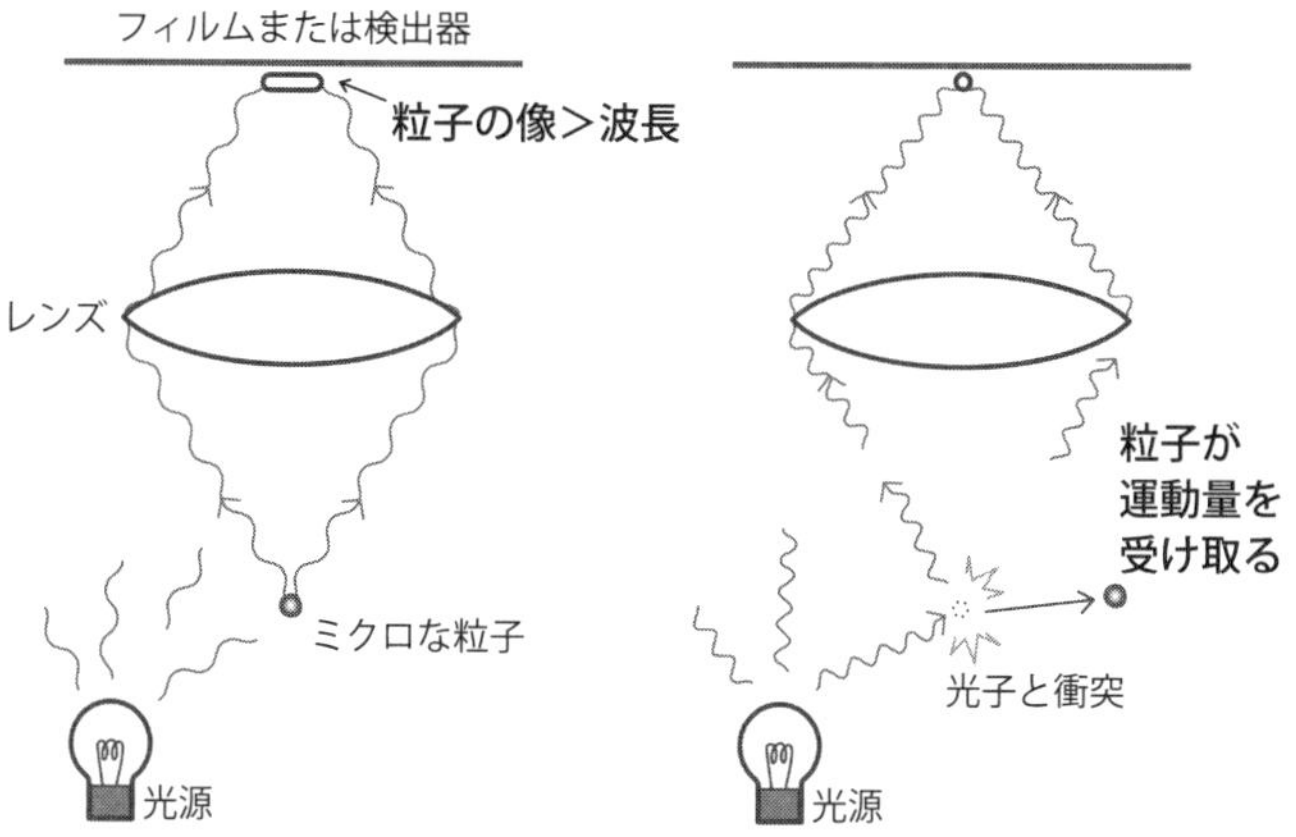

光の波長が長いと
位置の精度が悪い

光の波長が短いと
運動量の精度が悪い

ミクロな粒子に反射した光はレンズで集光され、焦点に像を結ぶ。
像の大きさは光の波長程度。

ミクロな粒子は光子と衝突して運動量を受け取る。

量子力学の原理を説明するといいつつ、この話に登場する電子は量子力学的な存在ではなく古典力学的です。どういうことかというと、この電子を微小な野球のボールに置き換えても、このたとえ話は変わりません。微小な野球のボールの位置と運動量を同時に精確に測定できないという結論になります。

本物のミクロの粒子は、小さくなった野球のボールなんかでは全然なく、壁を通り抜けたり自転が止まらなかったり不可思議な振る舞いをする量子力学的な粒子です。そういう量子力学的本物ミクロ粒子が不確定性原理を満たすことは、量子力学の数式を用いて説明されなければいけないはずです。

量子力学の考えを初学者に紹介する教材として、教科書にも載っているハイゼンベルクの顕微鏡ですが、その議論は古典力学から都合のいい部分だけを拾ってきたものなのです。これはややこしいことになりました。「正しい」量子力学を教えるためには、この顕微鏡の話は適切でないのです。さらに潔癖な人なら眉をひそめて「そもそも不確定性原理が原理であるなら、量子力学の定理から導くことは不可能であり……」とかいい出すかもしれません。

けれどもそういう厳密さを追求し出すと、不確定性原理を初学者に理解してもらうことは絶望的に困難になります。ハイゼンベルクの顕微鏡のようなわかりやすいイントロダクションのない教科書を、最後まで読み通してもらって、波動関数の問題を解いてもらうことができるでしょうか。

ここはわかりやすさのために厳密さには目をつむって、とにかく野球のボールのような電子で不確定性原理を説明しよう、とハイゼンベルクは考えたのかもしれません。真意はもうわかりませんが。

世の中を変えた量子力学の誕生

ドイツ人物理学者ヴェルナー・カール・ハイゼンベルクは、量子力学の創始者の一人です。

原子内の電子の不可解な挙動に科学者たちが頭をひねっていたころ、野球のボールのような古典的なモデルに頼っていては原子は理解できないと悟ります。電子や原子は、そういう日常的な理解を超越した、独特のミクロの世界のルールに従うはずです。

頼れるものは原子の放射する光の波長などの観測値だけだと考えたハイゼンベルクは、

1925年7月、観測値から観測値を導く「行列力学」を発表します。

行列力学は、はなはだ直観的でなく見通しが悪いものの、いくつかの問題で確かに原子の振る舞いを予測することができました。

ほんのわずか遅れて、1926年1月、オーストリアのエルヴィン・ルドルフ・ヨゼフ・アレクサンダー・シュレーディンガー（1887〜1961）は、行列力学と数学的に等価な「波動力学」を発表しました。これも原子の振る舞いを行列力学同様に解くことができ、しかもその方程式はずっと扱いやすいものでした。

続いて1926年7月、マックス・ボルン（1882〜1970）が「確率解釈」を発表し、1927年にはポール・エイドリアン・モーリス・ディラック（1902〜1984）が量子力学と特殊相対論の組み合わせに成功します。ほんの数年のうちに天才物理学者による超重要論文が矢継ぎ早に発表され、ミクロの世界のルールが確立します。量子力学の誕生です。

行列力学と波動力学は、ミクロの世界の同じルールを別の数式で表したものと解釈されます。現在の教科書では、行列力学と波動力学はともに記載されます。多くの問題は波動方程式を立てて解くのが簡単ですが、ある種の問題には行列が向いています。

誕生以来、現代に至るまで量子力学は発展し続け、その工業応用製品は革命を起こしました。精密測定を可能にしたレーザー、医薬品など分子を設計する量子化学、原子を見せる電子顕微鏡や量子力学顕微鏡、いたるところにあるＣＣＤカメラ、計算機を作るトランジスタ、良くも悪しくも社会を変えた原子力等々、リストは延々続きます。現代社会は量子力学なしでは１マイクロ秒も存続できません。

そしてその約１００年にわたる発展の基礎は、ハイゼンベルクの行列力学に続くほんの１、２年の間に築かれたのです。ミクロの世界のルールは（まだ完成していないといわれつつも）約１００年、大きな変更なく使われてきています。

第二次世界大戦と量子力学

ハイゼンベルクは行列力学の発表後も、不確定性原理を発表したり、例の顕微鏡のたとえ話を教科書に載せたり、ばりばり量子力学に貢献します。陽電子が発見され、数学的基礎が整備され、場の理論が進展し、原子核の構造が解明され、人為的に核反応が制御され、量子力学もばりばり発展します。

やがてナチスが台頭し、ユダヤ人を迫害し始めると、ユダヤ人研究者が蜘蛛の子を散らすようにドイツから逃げ出します。世界最先端の物理学の研究の舞台は亡命天才ユダヤ人とともにドイツからアメリカに移り、以後現在に至るまでアメリカは世界の科学研究をリードすることになります。

天才物理学者全てがユダヤ人というわけではなく、ハイゼンベルクもユダヤ人ではありませんでした。ハイゼンベルクはドイツに残って研究を続け、原子爆弾の開発にも携わります。

原子爆弾は量子力学をもろに応用した兵器です。原子核の崩壊を予測し、制御し、連鎖的に進め、爆発を起こすには、高度な量子力学の知識と計算が不可欠です。

ハイゼンベルク率いるドイツの研究チームが原爆を開発しナチスが世界を支配するシナリオに、アメリカのユダヤ人科学者たちは恐怖しました。アインシュタインはレオ・シラード（1898～1964）と連名で、原爆開発を勧める書簡をルーズベルト大統領に送ります。原爆開発計画《マンハッタン》がスタートします。

ご存じのとおり、結局ナチスは原爆開発に成功しませんでした。ドイツとの開発競争に勝ったアメリカは、完成した原爆を日本に使用します。行列力学から20年、社会を変える量子力学の応用製品第1号と第2号がその威力を世界に知らしめました。アメリカの世論が沸く一方、世界の科学者は衝撃を受けます。

ドイツの敗戦後、ハイゼンベルクは英国で勾留されます。ナチスの原爆開発にどれほど関与したか、罪を問えるかどうか、検討されたようですが、起訴を免れました。西ドイツに帰国したあとは、マックス・プランク物理学研究所の所長を勤めました。

神はサイコロを振らず――アインシュタインが拒否した確率解釈

アインシュタインの不満

広島・長崎以来、半世紀以上にわたって使われ、社会を変革し、その恐るべき有用性を実証してきた量子力学ですが、その奇妙な基本原理にはまだ納得していない人も少なからずいます。

アインシュタインは、光が波でもあり粒子でもあるという、量子力学のきっかけとなる仮説を提唱し、量子力学の建設に大いに貢献しました。量子力学の教科書を開けば、「ボース・アインシュタイン統計」や「アインシュタイン係数」など、何か所にもその名が散りばめられています。

けれどもハイゼンベルクやシュレーディンガーやその他天才たちが量子力学の基本ルー

ルを完成させると、アインシュタインはその新しい物理学に狼狽し、拒否します。その後1955年に病死するまで、生涯にわたって量子力学への反論を試みるのです。

アインシュタインの反論のほとんどは、アインシュタイン側が論駁《ろんばく》される結果となりました。その過程で、かえって量子力学の本質が明らかになり、新しい量子力学はいっそう理論を強固にするという、人類にとっては実りある論争でした。アインシュタインには不本意でしょうが。

アインシュタインの反論は、科学的にも歴史的にも興味深いものです。その一部を簡単に紹介しましょう。

コペンハーゲン学派の確率解釈

波動力学や、そこに登場する波動関数を用いると、たしかに原子や電子の振る舞いを予測するのですが、ではこの波動関数はそもそも何を意味しているのでしょうか。量子力学の創始者たちは、その解釈に（数か月）悩みました。

波動力学の発表から半年後、ボルンが「確率解釈」を提案しました。電子の波動関数は、

電子が存在する確率を表すというのです

コペンハーゲン大のニールス・ヘンリク・ダヴィド・ボーア（1885〜1962）は、助手のハイゼンベルクとともに、この確率解釈を強力に支持します。そのため確率解釈は「コペンハーゲン解釈」とも呼ばれ、ついでにボーアたちは「コペンハーゲン学派」と呼ばれます。

余談ですが、このころボーアのグループには、日本から派遣された研究者も混じっていました。光子と電子の衝突確率を与える「クライン・仁科の公式」や、物理学に功績のあった人に与えられる「仁科賞」に名を残す仁科芳雄《にしなよしお》（1890〜1951）も、コペンハーゲン大で量子力学の創始に手を貸しました。「日本物理学の父」仁科は、クライン・仁科の公式をみやげに帰国し、理論と実験の両方で成果をあげ、サイクロトロンを建設し、多くの科学者を育てました。

あれほど革命的な頭脳をもっていたアインシュタインも受け入れられなかった、コペンハーゲン学派のアヴァン・ギャルドな確率解釈とは、いったいどのようなものなのでしょうか。

宙を飛んでいく電子は、量子力学の登場以前の描像《びょうぞう》では、野球かテニスのボールの極小サイズが飛んでいくイメージでしょう。

一方、量子力学によると、電子の状態は「波動関数」という波で表されます。イメージするのが難しいですが、音も波の一種なので、音を思い描くといいかもしれません。音が空気中を伝わるとき、空気の濃淡が音速で移動していきます。電子の移動もそれと似ています。電子が宙を飛んでいくということは、空間を波動関数の濃淡が移動することなのです。

ここまではアインシュタインも納得なのですが、問題はその次です。

この波動関数の濃淡は、電子の何を表すのでしょうか。

確率解釈によれば、波動関数の（正確にはその振幅の絶対値の2乗の）濃淡は、電子の存在する確率を表しています（さあ、もうわけがわからなくなってきました）。

波動関数の濃いところは電子が存在する確率が高く、薄いところは電子の存在する確率が低いのです。電子の位置を装置で測定すると、波動関数の濃いところに見つかる確率が高く、薄いところでは低く、波動関数の値が0のところでは見つかる確率も0です。

それでは波動関数が濃いところが2か所あったとしたら、そしてそこに2台の電子検出装置を置いたら、何が起きるでしょうか。2台の検出器は電子を半分ずつ検出するでしょうか。

確率解釈によれば、どちらかの検出器が丸々1個の電子を検出し、もう片方は検出しません。

実験を100回繰り返すと、統計の予測によれば、片方がだいたい40〜60回くらい電子を検出し、その装置が検出しない場合はもう片方の装置が検出を知らせるはずです。

電子の位置、つまりどちらの検出器が検出するかは、測定するまでわかりません。測定してはじめて位置が決まります。なんだか優柔不断で頼りない物理学理論です。

でも、とボールのイメージが頭にある（アインシュタインのような）人は反論するでしょう。位置を測定する前は、位置がわからなくても、ボールのような電子はどこかに存在していたのではないでしょうか。その位置を、波動関数とは別の方法でずばり求めるわけにはいかないのでしょうか。降水確率が50％という曖昧《あいまい》な天気予報も、もっと測定点を増やし、性能のいい計算機を使えば、本当は雨が降るか降らないか予測できるように。

アインシュタインにとってははなはだ不満なことに、電子がある場所に確率50％で存在すると波動関数が述べるとき、電子が「本当は」どこにあるのか、どんな装置を使っても、どんな計算手法を用いても、測定する前に知ることはできません。それが量子力学の基本ルールです。そういうふうにこの世界はできているのです。

そんなバカな、断固はんたーい、とアインシュタインをふくむ人々は叫びました。アインシュタインは「神がサイコロで遊ぶはずがない」といいましたが、位置を測定前に知る方法は見つけられませんでした（もし見つけていたら、量子力学は崩壊していたでしょう）。

アインシュタイン＝ポドルスキー＝ローゼンの思考実験

アインシュタインは工夫して、電子の位置と運動量の両方を測定前に知る方法をついに考え出しました。ついに考え出したと信じました。これで忌々《いまいま》しい確率解釈も曖昧な不確定性原理もご破算です。

アインシュタイン、ボリス・ポドルスキー（1896～1966）、ネイサン・ローゼン（1909～1995）が1935年に発表した論文「物理的実在の量子力学的描像は完全とみなせるか（注1）」を、やや修正して紹介します。

2個の粒子を用意します。この粒子は量子力学に従うものとします。

アインシュタイン 対 コペンハーゲン学派

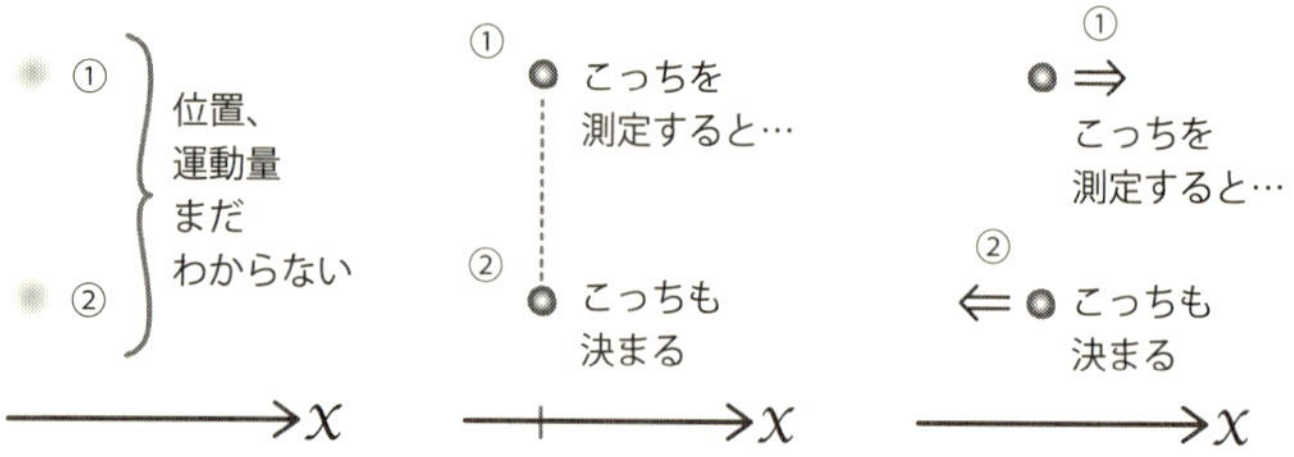
①
②
位置、
運動量
まだ
わからない
x
①
こっちを
測定すると…
②
こっちも
決まる
x
①
⇒
こっちを
測定すると…
②
⇐
こっちも
決まる
x

1　粒子①と粒子②が一つの波動関数で表される状態を作る

2　粒子①の位置を測定すると、粒子②の位置も確定する

2′ 粒子①の位置のかわりに運動量を測定すると、粒子②の運動量も確定する

これは粒子②の位置も運動量もあらかじめ決まっていることを示す。不確定性原理は間違っている。コペンハーゲン解釈は間違っている
粒子②の位置と運動量は同時に決められない。不確定性原理は正しい。コペンハーゲン解釈は正しい
アインシュタイン
ボーア

この2個の粒子は、合わせて一つの波動関数で表されます。どういう波動関数かというと、片方の粒子の位置を測定すると、もう片方の位置もわかります。片方の粒子の運動量を測定すると、もう片方の運動量もわかります。実験装置を用いて、2個の粒子をそういう状態にすることが、原理的には可能なのです。可能だということを三人の論文（頭文字をとってＥＰＲ論文）は数式で示しました。実際に実験したわけではありません。

一般に、粒子の位置は測定の結果どうなるかあらかじめ知ることができないと、曖昧で頼りない量子力学はいうのですが、ＥＰＲ論文のような例なら、1番目の粒子の位置を（2番目の粒子を測定すれば）あらかじめ知ることができるではありませんか。また、1番目の粒子の運動量も（2番目の粒子を測定すれば）あらかじめ知ることができるではないですか。

不確定性原理破れたり、量子力学は破産した、確率解釈よりましな理論がこの世にあるはずだ、というのがＥＰＲ論文の主旨です。

ボーアはＥＰＲ論文が印刷された2か月後に、同じ題名の、数式のまったくない、章の区切りすらない論文を投稿しました（注2）。コペンハーゲン学派の大ボスが頭にきて一気に執筆した様子が浮かびます。もちろん結論は、「物理的実在を量子力学で記述することにはなんの問題もないよ」というものです。

ボーアにいわせれば、ＥＰＲの数式は特に間違ってはいないのですが、不確定性原理が破れているという解釈は誤りです。

量子力学によれば、粒子2の位置の測定を行なうと、そのときに粒子1の位置の測定も行なったことになってしまいます。だから次に粒子1の運動量の測定を行なうと、その結果は予想できません。また、粒子2の運動量を最初に測定すると、粒子1の運動量もやはり測定されたことになりますが、今度は粒子1の位置が予想できなくなってしまいます。

つまり、粒子1の位置と運動量を同時に決めることはできなくて、不確定性原理は破れておらず、量子力学に特に破綻は見当たらず、アインシュタインたちはもっとコペンハーゲン解釈を勉強した方がいいんじゃないの、というのがボーアの論文の結論です。

（注1）A. Einstein, B. Podolsky, N. Rosen, 1935, "Can Quantum-Mechanical Description of Physical Reality Be Considered Complete?" Physical Review, vol. 47, 777
（注2）N. Bohr, 1935, "Can Quantum-Mechanical Description of Physical Reality Be Considered Complete?" Physical Review, vol. 48, 696

日常感覚からかけ離れた量子力学独特のルール

ボーアのいうことはもっともで、現代の量子力学の解釈すなわちコペンハーゲン解釈にも（当然）沿っているのですが、ＥＰＲの論文は、量子力学を理解しないたわごととして退けるにはためらわれる鋭い指摘を含んでいます。

いったいどうして2番目の粒子の位置を測定すると、遠く離れた1番粒子についても測定を行なったことになり、１番粒子の位置が確定するのでしょうか。

しかもこの確定は、「１番粒子は測定以前からその位置にいたのだが、２番粒子の測定によって1番粒子の位置が判明した」わけではないのです。ここが量子力学の不思議なところなのですが、１番粒子の位置が測定以前から決まっていたと考えると、矛盾が生じてしまうのです。２番目粒子の位置の測定を行なった瞬間、１番目粒子の波動関数が収束し、位置が決定するというのが量子力学の教科書に書いてあるルールです。

１番粒子の位置が測定以前から決まっているという考え方は、「隠れた変数」理論と呼ばれます。この場合、「隠れた変数」は「位置」です。隠れた変数理論は、ただちに量子力学の予測とくい違います。実験によれば量子力学の予測が唯一正しい予測です。

こういう量子力学の基礎を確かめる実験は、現在でも盛んに行なわれています。そういう実験のうち一つでも量子力学の予想とくい違い、量子力学の破綻を示せれば面白いのですが、今のところことごとくコペンハーゲン解釈どおりの結果となっています。アインシュタインもがっかりです。

量子力学の法則は古典力学からも日常感覚からもかけ離れています。位置や運動量の予測が確率で表されること、測定の瞬間に波動関数が説明しようのない変化をして位置や運動量が決定されること、位置と運動量が同時に精確には測定できないこと等々、いずれも量子力学独特のルールです。量子力学に従うミクロな粒子は、野球やテニスのボールを単に小さくしたものとは根本的に違うのです。

確率だとか不確定性だとか、量子力学のルールはなんだか曖昧さ不精確さばかりが強調される気がしますが、そういう曖昧な量子力学の応用から、現代社会を支える超重要工業製品が次々飛び出してくるのです。

波動関数の収束 vs. 多世界解釈

量子力学の不思議をまとめておこう

例のボーアの論文にならって、というわけではないですが、ここまで数式をほとんど使わず、ことばで量子力学の不思議を説明してきました。数式を使わないと、具体性にはなはだかける抽象的な議論となってしまい、ただもう量子力学は不思議だ不思議だと連呼することになってしまいます。

ここで量子力学の何が不思議なのか整理しておきます。不思議コールにもう少々おつきあいください。

不思議その１：量子力学は確率で測定値を予想する。

ミクロな粒子のある物理量（たとえば位置）を測定するとき、どんな値が得られるかは、確率で与えられます。あちらの検出器で検出される確率10％、そちらの検出器だと20％という具合いです。

そしてこれは、単に場所がわからないから確率で表すというのと違います。粒子はどこかに存在しているのだが位置の測定前にはそれがどこだかわからないのだという考えは、量子力学の計算に矛盾するのです。測定前には、粒子はどこに存在しているともいえないのです。

不思議その2：量子力学的粒子は点ではなく波動関数で表される。

ミクロな粒子は、波動関数という、空間を伝わる一種の波で表されます。それは音波にも似て、障害物の背後に回り込み、2個の穴を同時に通り抜けます。

ミクロな粒子は波動関数に従って、障害物の背後に届きます。ミクロな粒子は2個の穴を同時に通り抜ける、とはいえないのですが、2個の穴のどちらを通ったか観測できないようなやり方でその穴を通り抜けます。この辺を説明しようとすると、どうしても奥歯にものが挟まります。

ただし量子力学の他の摩訶不思議と違い、この波の概念は、それほど飲み込むのに苦労がいらないかもしれません。なぜなら音や光や水面の波紋は日常お目にかかるもので、私たちはその性質を知っているからです。

不思議その3：量子力学的粒子の位置と運動量は同時に精確には測定できない。

ミクロな粒子のたとえば運動量とエネルギーは同時に精確に測定でき（る場合があり）ます。たとえば、宙を自由に飛び回る原子の運動量とエネルギーがそうです。角運動量という、回転の「勢い」を表す量も、エネルギーと同時に精確に測定でき（る場合があり）ます。たとえば、水素原子の中の電子の角運動量とエネルギーがそうです。

けれどもミクロな粒子の位置と運動量は同時に精確に測定できません。位置を精確に決めると、運動量がわからなくなります。運動量を精確に決めると、位置がわからなくなります。位置測定の精度と運動量測定の精度の積は、プランク定数hという定数より小さくなりません。プランク定数は極微の量で、日常生活で問題になることはまずありませんが、ミクロな粒子にとっては無視できない量です。

このように、ミクロな粒子の物理量を2個選ぶと、その2個が同時に精確に測定できない場合があります。位置と運動量はどうがんばっても同時に精確に測定できません。運動量とエネルギー、角運動量とエネルギーが同時に測定できる組み合わせかどうかは、ミクロな粒子が置かれている環境によります。

そして何度も強調しますが、ミクロな粒子の運動量を測定すると、粒子はどこかにすっ飛ぶので位置がわからなくなる、というものではないのです。粒子の位置はわからなけれどもどこかにあると仮定すると、量子力学の計算と合わなくなるのです。粒子の位置は、「古典物理的実在」ではないのです。ここのところが、アインシュタインの納得できなかったところです。

アインシュタインは死ぬまでついに納得しなかったものの、他の大多数の人々はこれらの不思議を不承不承受け入れています。波動関数も不確定性原理も、日常の現象とはかけ離れているものの、ミクロな粒子がそれに従っていることは膨大な実例が証明しています。量子力学のこれらの振る舞いは、常識はずれではあるけれど、正しいのです。

けれどもこれらの不思議とはまた別に、じつは量子力学にはさらなる謎があるのです。どの研究者も、不思議だと認めざるを得ない謎です。実用研究に携わる多くの人が、見て見ぬふりをしている未解決の謎です

波動関数はなぜ収束するのか、誰もわからない

量子力学の不思議を語り尽くすには、本を何冊書いても足りません。なにしろ量子力学はまだ完成していない体系なのですから。

ボーアがコペンハーゲン解釈をどう擁護しようと、量子力学が不完全であることは、昔も今も研究者たちの共通の認識です。

1935年、EPR－ボーア論争と同時期に、波動力学の提唱者シュレーディンガーが、量子力学が不完全であることをはっきり認めています。もう超大御所の告白です。量子力学は駄目なのです。

以来約100年、駄目な量子力学を駄目じゃない完全な体系にする試みはことごとく失敗しました。今も量子力学は不完全なままです。

量子力学のいくつかある欠陥の一つを（またも数式なしに）説明しましょう。それは（やはり）確率解釈と関係があります。

ミクロな粒子の状態は波動関数で表され、それによると粒子はあっちに10％、そっちに20％と確率的に「存在」します（そういう場合があり得ます）。そこでおもむろに粒子の

位置を測定すると、どこかの場所に見つかるわけです。

粒子の位置が決まると、波動関数もそれにともなって変化します。もうあっちやそっちに広がった波動関数ではなく、ここに100％集中して存在する波動関数です（そういう波動関数もあり得ます）。

この波動関数の変化は「収束」と呼ばれます。問題はこの収束です。

不思議その4：波動関数の収束はなぜ起きる。

粒子を測定すると、波動関数はなぜ収束するのでしょうか。どのような力が働いて、あっちやそっちに広がった波動関数をここ一点に集めたのでしょうか。

この問題は、はっきりいってお手上げです。誰も正解を知りません。今日の量子力学を建設した天才たちがよってたかって考えても解決しませんでした。

測定を行なうと、波動関数が変化し、収束します。どのように収束するかはあらかじめわからず、確率でしか予想できません。収束の結果あっちに集中する確率は10％、そっちに集中する確率は20％です。この収束は見かけの現象なのでしょうか、それとも波動関数は「物理的実在」で、収束は物理現象なのでしょうか。

いまだ答えの出ない観測問題

測定あるいは観測と呼ばれる行為が、どうして波動関数の収束を引き起こすのか。この疑問は「観測問題」と呼ばれ、（新しい）量子力学の誕生以来、現在に至るまで人々を悩まし、魅了しました。有名無名様々な研究者や非研究者が、珍説奇説をふくめじつに多様な説を提案し、侃々諤々議論しました。そのどれもついに結論を見なかったのですが、人々は興奮して論争することをやめませんでした（観測問題はどうも人の頭に血を昇らせる効果があるようです）。

シュレーディンガー自身は、波動関数が私たちの知識を表すものだと漠然と考えていたようです。測定によって、粒子についての知識が変わると、波動関数も変わるわけです。これなら瞬時に波動関数が変化することが説明できる気もしますが、知識と波動関数の関係を、誰もが納得できる形で書き表すことに成功した人はいません。

多才な天才理論物理学者ヨハン・ルドヴィッヒ・フォン・ノイマン（1903～1957）は、1932年、『量子力学の数学的基礎』（井上健、広重徹、恒藤敏彦訳、みすず書房）という本を著して、ヒルベルト空間という量子力学の基礎となる数学を綿密に解説しました。その本の中で、フォン・ノイマンは観測についても説明し、観測の際に波動関数に起こる収束を数式ではっきり示しました。

けれどもフォン・ノイマンは、では波動関数の収束がなぜ起こるかは説明できませんでした。

フォン・ノイマンは、収束を物理学で説明することはできないと宣言し、強いていうなら「抽象的な『自我』」が観測することによって収束が起きるのだと述べました。

これを文字どおりとれば、物理学では説明できない、人間の自我とか精神と呼ばれるものがあって、そういうものがミクロな粒子を観測すると、波動関数が収束するということになります。いたずらをしかけるのが好きと伝えられるフォン・ノイマンがどこまで本気だったかわかりませんが。

当たり前のことですが、物理の外にある自我とか精神とかが収束にかかわっているのかどうか、物理で明らかにしたり証明したりはできません。フォン・ノイマンの解釈は、証明も実験もできない哲学的議論は生み出したものの、量子力学そのものの発展にはつながりませんでした。

多世界解釈――とんでもない博士論文

1956年、プリンストン大の大学院生ヒュー・エヴェレット三世（1939〜1982）は、じつは波動関数の収束なんか起きていないという珍説を博士論文として提出しました。

それによれば、あっちに10％、そっちに20％の確率で出現が予想される粒子を測定すると、粒子と測定装置と観測者は、あっちで粒子を検出した世界と、そっちでに粒子を見つけた世界に分裂します。それぞれの世界は、自分が分裂したとは夢知らず、粒子の位置を測定したら1か所で検出され、波動関数が収束したと思い込みます。書いている側もなんだかわけがわからなくなりそうですが、そのような分裂した世界を、量子力学の数式で記述できることをエヴェレットは示しました。

これはもう途方もない解釈です。ミクロな粒子の位置や運動量やエネルギーなどを測定するたびに、世界はいくつもの未来に枝分かれし、そのそれぞれの未来で別の測定値が得られるというのです。

波動関数の収束は、実験室内の粒子だけに起きるわけでなく、私たちの体や環境を構成する原子や分子や光子、そこらにある無数の素粒子、宇宙を満たす物質全てにこの瞬間にも収束が起きていると（「普通の」解釈では）考えられます。収束のかわりに世界が分裂するというエヴェレットの解釈だと、その全ての粒子が世界を絶えず分裂させているわけです。私たちの世界は一つでなく、数えきれないほどたくさん存在するのですが、そのうちの一つしか知覚できないのです。

コペンハーゲン解釈と鋭く対立する新しい解釈、多世界解釈の登場です。

エヴェレットの指導教官は、一般相対論の大家ジョン・アーチボルト・ホイーラー（1911～2008）でした。ホイーラーはエヴェレットの論文を手にわざわざコペンハーゲン大まで出かけていき、（なんとまだ現役の）ボーアたちと、多世界解釈（とのちに呼ばれることになる）説が正しいかどうか議論しました。当然のことながら、コペンハーゲン解釈の教祖ボーアはエヴェレットの新説を認めませんでした。

エヴェレットの論文審査は紛糾しました。ホイーラーの指示の下、エヴェレットはその学位論文を大幅に削り、（指導教官にとって）過激な表現を書き換えて、やっと博士号をもらいました。できあがった博士論文からは、人間や砲弾が分裂するという表現が消えていました。

エヴェレットは学生として兵役を猶予されていたので、ホイーラーたちがコペンハーゲン大で議論しているために学位が遅れているあいだ、手をこまねいて待つわけにいきませんでした。兵役を免れるため、エヴェレットはアメリカ国防省での研究職に就き、以後理論物理の分野には戻りませんでした。

博士論文は学術誌に掲載されました(注1)。数少ないエヴェレットの論文の1篇です。研究成果を公表しない業界に身を置いたエヴェレットの著作はほとんどありません。

プリンストン大の学位審査委員会を震撼させた多世界解釈は、広く知られるようになりました。コペンハーゲン解釈と違い、波動関数の「不可解な」収束をふくまないため、好む人も多くいます（なかでもＳＦ作家は多世界解釈が大好きです）。

けれども多世界解釈は「普通の」コペンハーゲン解釈と異なる予想をするわけではありません。量子力学の様々な解釈はみなそうです。コペンハーゲン解釈と異なる予想をする解釈は実験結果とくい違うので成り立ちません。

そうなると、別の解釈がコペンハーゲン解釈を駆逐するというわけにはどうもいきません。おおかたの研究者は、波動関数から観測結果を予測する手法を与えてくれるコペンハーゲン解釈で十分、という立場です。

多世界解釈

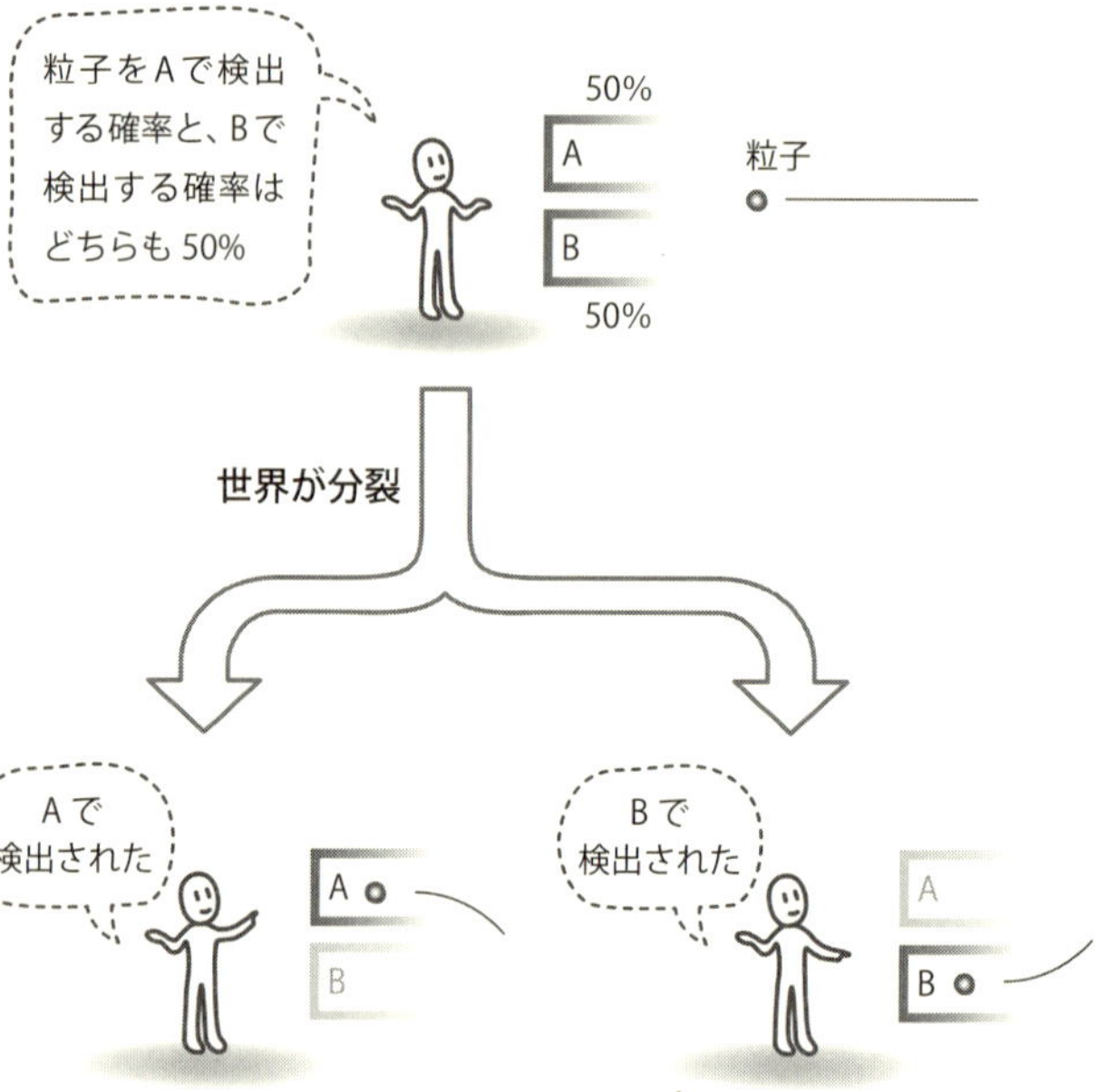

エヴェレット

はっきりいって、観測問題は実際的な研究に不要で、どうでもいいのです。見ることも触ることもできない異世界がいくつあろうがなかろうが、量子力学の有効性にはなんら違いが生じません。

（注1）Hugh Everett, III, 1957, "Relative State" Formulation of Quantum Mechanics,' Reviews of Modern Physics, vol. 29, No. 3, 454

ヒュー・エヴェレット三世という男

エヴェレットはその後何度も物理学業界から勧誘を受けますが、軍事業界の方が居心地がよかったのか、物理学研究に戻ろうとはしませんでした。博士論文の騒動で、嫌気がさしたのかもしれません。あるいは大学や研究所の払える程度の給料に魅力を感じなかったのかもしれません。

国防省でアメリカの核戦略決定に影響を与えたあと、エヴェレットは同僚たちと、国防省相手のビジネスを立ち上げます。

経営が軌道に乗っていく一方で、エヴェレットは学生時代からの飲酒癖をつのらせます。酒付きの豪華な昼食《スリー・マティーニ・ランチ》をとり(注2)、オフィスで眠って酔いを冷ましたと友人が語っています。それでも仕事はちゃんとやっていたそうです。

エヴェレットは享楽主義で、自己中心的で、仕事仲間を裏切り、他人や家族に関心がなかったと知り合いや子供が証言しています。思想傾向としては極端な利己主義を支持し、人権を理解しませんでした。家族をふくめて誰もエヴェレットをよくいわないところを見ると、そうとう性格に難があったようです。

ある朝、エヴェレットの息子が、ベッドで冷たくなっている父を発見しました。51歳の若さでした。重度の喫煙癖と、アルコール依存症の域にまで達した飲酒癖がその死を早めたのかもしれません。

(注2)「スリー・マティーニ・ランチ」は、ビジネスパーソンや重役が商談しながら食べる豪華な昼食を指す単語です。アメリカ社会がアルコール摂取に厳しくなったことと、昼食費が必要経費として認められにくくなったことから、スリー・マティーニ・ランチの習慣は廃れました。

三千世界の自由意思

多世界解釈は人間の自由意思を否定する、という意見があります。

多世界解釈が正しいなら、別の無数の世界に無数の自分が生きていることになります。ついさっき分かれたばかりのそっくりな自分もいれば、だいぶ昔に分かれて今ではそうとう運命が違ってしまった自分もいます。そもそも自分のいない世界も無数にあります。

私たちは人生において絶えず選択に直面し、意思決定を行なって生きています。けれどもそういう選択のたびに自分がいくつもに分裂し、どちらの選択をした自分も存在するとしたらどうでしょう。どんなに悩んで選択をしようと、どうせ別の世界では別の自分が別の選択をしているのです。悩んでも悩まなくてもそうなのです。だったら悩んで選択や決定をするのが莫迦らしくなってしまいます。

多世界解釈によると、人生は選択のたびに枝分かれする木かフォークのようなもので、人間は確率にしたがって枝先やフォークの先端に分配される存在です。分配される人間の悩みや自由意思の介在する余地はありません。

筆者には多世界解釈が正しいかどうかわかりません。多世界解釈が自由意思を否定するかどうかなんともいえません。けれども人間は悩んで意思決定し、よりよい世界を選択しなければならないはずです。選択のたびにどれほど悩んだかと、どんな世界に生きているかは、大いに関係があると考えます。

多世界解釈を信じたエヴェレットはどう考えていたでしょうか。博士論文が喝采とともに受け入れられ、理論物理学に進んだ別の世界のエヴェレットのことを想像したでしょうか。そこのエヴェレットは友人や家族と違う関係を築いたでしょうか。エヴェレットの死後、「別の世界で父に会う」と書き残して自殺した娘は、違う人生を歩み、今も生きて父について語っているでしょうか。

たとえ多世界解釈が正しくても、私たちはこの世界しか生きられないのです。この世界をよくするため一つ一つの選択に悩むしかありません。

第5章

天文学・宇宙物理学

ダーク・マターとダーク・エネルギー――宇宙物理の闇

星の化学組成はわからないだろう論

1835年、哲学者オーギュスト・コント（1798～1857）は、将来どんなに人類ががんばっても、星の化学組成や物質分布などはわからないだろうと述べました。コントの死後2年、天文学者が分光という手法で太陽の元素組成を調べることに成功しました。

星からの白い光をプリズムに通すと赤や青や紫に分かれます。この色の集合をスペクトルといいます。よく見ると星のスペクトルには暗い部分や明るい部分が混じっていて、この暗線や輝《き》線が、光を発した物質や光を吸収した元素を教えてくれるのです。暗線や輝線は元素の指紋です。光をスペクトルに分解して調べる手法を分光といいます。

化学者の発明した分光は天文学業界に広まり、遠くの星の組成や温度や運動状態が次々と明らかになりました。

スペクトル中に、地上では見当たらない特殊な元素由来の線を見つけ、ヘリウムと名づけた天文学者もいました。ヘリウムは太陽の元素という意味です。ヘリウムはしばらく幻の元素扱いされましたが、発見後25年ほどたって地中のガスにも見つかり、頑固な化学者も天文学者が見つけたヘリウムが本物の新元素であることをしぶしぶ認めました。

コントの悲観的な予想は外れ、分光は天文学者の強力な道具となり、人類の知識を大きく広げました。星の組成や温度や運動状態がスペクトルから測定されれば、そこから星の年齢や寿命や距離などが推定できます。分光を使えば、天体の光から新元素を発見することもできるのです。

この例でわかるように、科学の限界を見定めるのは容易ではありません。何が将来わかって何がわからないか、専門家にも予言できません。この本だって、書いてあることがすぐにひっくり返っても全然おかしくありません。そうなったらコント先生を笑えません。筆者はひやひやしながら書いてます。

A♯　列車で行こう

さて分光を用いると、遠くの星の元素組成に加えて、その星の速度がわかります。すると銀河の質量がわかり、暗黒物質と呼ばれる謎の存在が必要となります。コント先生もびっくりの、暗黒物質《ダーク・マター》の導き方について説明しましょう。

救急車や消防車やパトカーのサイレンは、近づいてくるときには高く、遠ざかるときには低く聞こえます。ドップラー効果です。

ヨハン・クリスチャン・ドップラー（1803～1853）はこの現象を研究しました。汽車に乗った人に楽器を鳴らしてもらい、絶対音感をもつ人に聞いてもらって音の高さの変化を測定しました（ずいぶん楽しそうな実験です）。

音は空気の濃淡が伝わっていく現象です。もし音が目に見えたら、空気の濃いところ薄いところの縞々が秒速340メートルほどで空中を走るのがわかるでしょう。

ピアノの中央のAの音あるいはラの音は振動数440ヘルツです。1939年の国際会議で、楽器の音はA＝440ヘルツを基準とするように定められました。440ヘルツは波長、つまり縞々の間隔でいうと、77センチメートルです。Aの音が目に見えたら、間隔77センチメートルの濃淡の縞々がピアノからほとばしることでしょう。

汽車が秒速20メートル、つまり時速70キロメートルほどで、こちらに向いながらAの音を発すると、その空中の縞々は間隔が73センチメートルに狭まります。振動数でいうと466ヘルツ、音の高さだとA$^{\#}$です。つまり、汽車が近づくとき音は高く、振動数は大きく、縞々の間隔すなわち波長は短くなります。汽車が同じ速度で逆に遠ざかるときには音は低くG$^{\#}$に、波長は82センチメートルと長く、振動数は415ヘルツに小さくなります。

光も波の一種であり、ドップラー効果を示します（ドップラーは光のドップラー効果も計算したのですが、残念ながらその計算は間違っていました）。天体がこちらに近づく場合、その光の波長は短く、振動数は大きく、色でいうと黄色の光は青や紫っぽく変化します。遠ざかる場合、その光の波長は長く、振動数は小さく、黄色の光は赤っぽくなります。

まわるまわるよ、銀河はまわる

ドップラー効果は空の天体の速度を教えてくれます。

天体のスペクトルには、その天体の元素由来の暗線や輝線がちりばめられています。その暗線や輝線の位置がドップラー効果によって微妙にずれていないか調べてみましょう。もし波長の長い方にずれていたら、その天体は観測者から遠ざかりつつあるのです。もし波長が短い方にずれていたら、私たちに向かって近づきつつあるのです。

この原理で天体の運動を調べてみると、いつも同じ位置で変わらず輝く恒星が、走り回ったり衝突したり流れたりというダイナミックな姿を天文学者に現しました。それまで気づかなかっただけで、恒星はじつに元気よく宇宙を飛び交っていました。ある恒星は別の恒星とペアを作って互いの周りをくるくるめぐり、別の恒星は単独で宇宙を走り、そうした無数の恒星は流れをなして銀河の中を渦巻いていました。中には暗線輝線が微妙どころでなくずれ、スペクトル上でどこにいったかすぐにはわからないものもありました。

そういう驚きの発見とその意義に一つ一つ触れたいところですが、ページに限りもあるので割愛させていただき、1970年代の天文学者の困惑に話は飛びます。

光輝く恒星がたくさん集まったものを銀河といいます。望遠鏡の中ではもやっとした雲のような姿に見えます。

私たちは「天の川銀河」別名「銀河系」という銀河の中に住んでいます。直径10万光年、恒星1000億個ほどが集まった立派な銀河です。山の中や海で夜空を見上げると、天の川銀河の一部が天の川としてぼんやり見えます。肉眼で見える数少ない銀河の一つです。

天の川銀河や、遠くの銀河にふくまれる恒星の運動を調べてみましょう。すると、太陽の周りをめぐる惑星のように、恒星もそれぞれの銀河の中心の周りをめぐっていることがわかり、その速度が測定できました。

これまた天文学者大喜び、コント先生また残念の事態です。

銀河は吹けば飛ぶような小さなたくさんの星やガスの集まりです。そういう無数の天体が集まって作る重力のため、銀河に属する天体は銀河の中心の周りをめぐります。その銀河めぐりの速度を測定すると、無数の天体が集まって作る重力が測定できます。重力が測定できれば、さらに少々ペンを紙に走らせると無数の天体の質量が計算できるのです。つまり、銀河の質量が測定できるのです。

闇の質量とは何だ

そうして銀河の質量を測定してみると、期待に満ちた天文学者の顔が、当てが外れてがっかりというほどではないですが、予想と違う結果に困惑する表情に変わりました。銀河の質量は思ったより大きかったのです。1970年代に判明したことです。

銀河の質量の予想というか見積もりはどのように出すかというと、これがはなはだ原始的で、星の数を数えて足すのです。1個の星がどれほどの重さなのか、明るさや表面の色で重さはどう違うのか、別の研究や理論計算によって調べます。そうして望遠鏡で銀河の星の数を数え、星間ガスの後ろに隠れたり暗くて見えない星があることも考慮して、全体の星の数を推定して銀河の質量を計算すると、どうもドップラー効果を利用して測定した質量と合わないのです。星やガスの量から見積もった質量よりも強大な重力を銀河はおよぼしているのです。銀河には星やガスのほかに、観測されない質量が大量に存在するようなのです。

天文学者はいっとき困惑し、見積もりや測定に間違いがないかどうか何度も確かめました。どうやら計算ミスではないようだとなると、とたんに元気を取り戻して盛んに論争を始め、この不一致の原因をあれこれ推定して論文を大量に生産し始めました。

不一致の原因として、じつは重力の法則が間違っているというものから、銀河にはブラック・ホールがたくさんまぎれているという説、暗くて小さな星がたくさんたくさんまぎれている説、反応性の低い（素）粒子がそこらを飛んでいる説など、様々な説が提唱されました。

その隠れた質量の正体については意見が一致しなくても、呼び名については決まりました。「ダーク・マター」、直訳すると「暗黒物質」あるいは「闇の物質」です。

暗黒《ダーク》なんていうと、なんだか暗黒邪神教だとか暗黒卿だとかフィクションに登場する敵役を連想するかもしれませんが（しませんか？）、ここでは単に「光を出さない」「観測装置で見えない」という意味です。

銀河の回転速度のほかにも、ダーク・マター存在の証拠はいくつもあがり、現在ではほとんどの研究者がダーク・マターは実在するある種の物質と考えています。しかも星やガスなどの見える物質よりたくさんあるようです。ダーク・マターの量はおそらく見える物質の5倍程度だろうというのが最近の推定です。

恒星のドップラー効果を調べたところ、とんでもないものが発見されてしまったようです。この宇宙には通常の物質のほかに、光を出さない正体不明のダーク・マターが存在していました。しかも「存在していました」どころではなく、ダーク・マターの方が宇宙には多くて、私たちの身近にあるような物質は少数派だったのです。

です。

未発見の素粒子WIMP《ウィンプ》

ダーク・マターが「発見」されてから数十年たちましたが、今のところその正体は不明です。

発見当初から可視光で見えませんでしたが、電波、赤外線、紫外線、X線、ガンマ線など、電磁波の全波長領域でダーク・マターはダークで、観測装置にかかりませんでした。もうあらゆる望遠鏡で必死に探しましたが全然見えません。

ダーク・マターの正体が無数の小天体、あるいはブラック・ホールなどであろうという、天体説が最初は提唱されました。けれどもいくらなんでも全波長領域でどんな鋭敏な観測装置にもまったく見えない天体は考えにくいし、それからダーク・マターが銀河内からこぼれ出てその外にもちらばっているという観測データが出ると、だんだん旗色が悪くなりました。見えない天体なら見える天体とだいたい同じところにあるはずだからです。

反対に徐々に支持が増えたのが、未発見の素粒子説です。今のところ粒子検出器での観測もうまくいってないのですが、それはきわめて反応しにくい素粒子だから、と考えられています。研究者は検出できない天体の真偽は疑いますが、検出できない素粒子には甘いようです。

宇宙の質量を担うその未発見の素粒子は、「反応しにくい、質量をもつ（素）粒子」という意味で、「ＷＩＭＰ（Weakly Interacting Massive Particle）」と呼ばれます。

ＷＩＭＰの候補としては、ニュートラリーノというなんだかふざけた名前の粒子や、アクシオンというくしゃみのような粒子が有力とされています。いずれも素粒子物理学の理論から予言される粒子ですが、本当に存在するのかどうかわかりません。

世界の実験室で、宇宙から飛び込んでくるアクシオンやニュートラリーノを検出する試みが進められています。検出されれば大発見です。

ダーク・エネルギー出現

さて、私たちの身近に存在する通常の物質の約5倍も多くのダーク・マターが存在するらしいと述べましたが、宇宙にはまだ大物が隠れていました。１９９０年代に発見というか、話題として浮上した「ダーク・エネルギー」です。これもまた正体はわからないのに名前だけはついています。なんと通常物質の約20倍、宇宙の全質量（エネルギー）の４分の3を占める存在です。

第2章で述べたように、この宇宙は膨張していて、そのために遠くの銀河ほど速い速度で私たちから遠ざかりつつあることが確かめられます。

1990年代になると、遠くの銀河の中の超新星爆発という現象を観測することにより、この膨張速度がどこでも同じかどうか詳しく調べられるようになりました。すると、距離が2倍の銀河の後退速度は2倍よりちょっと速くなっていることが報告されました。別の言葉でいうと、宇宙膨張は加速しているのです。

これは研究者に、アインシュタインの重力方程式をもう一度眺め直させることになりました。これまでのモデルと数値を捨てて計算のやり直しです。

やり直した計算によると、この宇宙に謎のダーク・エネルギーが満ちていると考えると、宇宙膨張の加速が説明できます。このエネルギーは通常の物質（やダーク・マター）のもつエネルギーと違い、膨張にともなって圧力が増え、圧縮すると圧力が減るという不思議な性質をもっているようです。

こんな代物は実験室でもどこでも見られたことがありません。望遠鏡をのぞいても直接は観測できません。宇宙膨張の加速に合うように重力方程式の数値を調節すると、方程式

ダーク・マター

重力に
引かれて
飛んでいる
星やガスの重力より何倍も
強い重力が働いている。
どうやら見えない物質が
あるようだ

ダーク・エネルギー

2倍遠くの銀河は2倍より
速く遠ざかっている。
どうやら宇宙膨張は
加速しているようだ
ダーク・エネルギーはいたる
ところにあって宇宙膨張を加
速していると考えられる

の中に現れる存在です。

復活の宇宙項

実験室でもどこでも見られたことがないのに、このダーク・エネルギーは奇妙に見覚えがあります。じつはこれは、アインシュタインが最初に重力方程式を提案したときに紛れ込ませた「宇宙項」と同じものなのです。

アインシュタインは、宇宙が静止する解が存在するように宇宙項を方程式に加えて発表しました。宇宙項がないと、宇宙は瞬く間にクシャッとつぶれてしまいます。あるいはとめどなく膨張します。物質の重力に反発し、宇宙を支えておく役割をアインシュタインは宇宙項に与えていました。

その後、宇宙膨張が発見され、宇宙が静止する解は必要なくなり、そのため宇宙を静止させておく宇宙項もお役御免となりました。

けれどもそれから60年後、よくよく見ると宇宙膨張が加速していることが発見されました。宇宙膨張が加速するということは、私たちの銀河系と遥か離れた銀河の間にある種の反発力が働くということです。これはじつはアインシュタインの宇宙項の働きです。

宇宙を静止させておくはずの宇宙項が、宇宙を膨張させる役割を果たすとはどういうことか、混乱を招くかもしれません。アインシュタインの考えた静止宇宙は、引き合う重力と反発する宇宙項の微妙なつり合いで静止を保っています。ちょっと宇宙項が大きくて微妙なバランスが崩れると、同じ方程式から加速膨張宇宙が導かれるのです。

ダーク・エネルギーは宇宙項の現代的な別名です。重力方程式の中で、ダーク・エネルギーと宇宙項は数学的に全く同じ働きをします。

ダーク・エネルギーは現代のエーテル？

はたしてダーク・エネルギーは実在するのでしょうか。宇宙の曲率という物理量が0に近いことなど、ほかにもダーク・エネルギーの間接的観測的証拠があり、多くの研究者は実在すると考えています。

しかし一方、ダーク・マターやダーク・エネルギーなど、見つかってもいない「物質」を仮定しないと、アインシュタインの重力方程式のつじつまが合わなくなるのは、現在の重力理論、宇宙論が不完全なことに起因する病理だと考える人もいます。

特殊相対性理論の登場以前、「エーテル」という架空の物質が宇宙を満たしていると考えられましたが、それになぞらえて「ダーク・エネルギーは現代のエーテルだ」ともいわれます。エーテルは真空中で光を伝える媒質として考え出されましたが、運動している観測者が測定しても光速が変わらないという事実を説明するため、しまいにエーテルはとんでもなく奇妙な性質をもつことにされました。アインシュタインが相対論を考えついて、エーテル仮説は不要になりました。

新しい重力理論と宇宙論が出揃えば、ダーク・エネルギーという仮説は必要なくなるのかもしれません。

量子重力の夢

この宇宙は本当は10次元？

ダーク・マターとダーク・エネルギーという正体不明の代物を必要としている現代の観測的宇宙論ですが、素粒子理論はもっと「常識はずれ」の仮説を次々出してきています。どれほど真剣にとるべきか、筆者には判断つかないのですが、そういう前衛理論の一つによると、この宇宙は本当は10次元で、余剰次元の6次元は観測不能なスケールに丸まっていて、そしてこの宇宙は膜のような構造をしていて超次元宇宙の中をまったり浮かんでいるのです。

……わけのわからないことシュルレアリスム詩のごとしですが、少しだけ解説を試みましょう。

超弦理論のファンタスティックな（多次元）世界

そもそも問題は、量子力学の手法で重力を表すのがたいへん難しいということです。アインシュタインが（ほとんど独力で）、ほぼ完成した形で発表した一般相対論は重力の古典論です。量子論ではないのです。

量子力学の一分野である素粒子理論は、これまで電磁気学もニュートリノやクォークの物理も次々取り入れて、量子力学の手法で書き表すことにいちおう成功しました。だから次は重力理論の番だ、重力理論が素粒子理論に取り込まれて統合された暁にはそれを量子重力理論と呼ぼう、ということにはほとんどの研究者が賛成しているのですが、アインシュタイン以降100年たつのに量子重力理論はまだ完成していません。

1990年代、超弦理論と呼ばれる素粒子理論は、ひょっとしたら重力を説明できるかも、といわれるようになりました。

超弦理論の数式では、この世の素粒子は点ではなくひものような数学的存在で表されます。そしてそのひもを輪っか状にまるめたものは、重力を表すようなのです（意味不明な点をご容赦ください）。この方法がうまくいけば、量子重力理論が完成するかもしれません。

大勢の頭脳が超弦理論に群がり、次々と数学的に美しいファンタスティックな成果を得ました。

曰く、この世界は本当は10次元世界である。この世界が縦横高さの3次元空間と時間の組み合わせのように感じられるのは、残りの余剰次元がミクロなサイズの広がりしかもたないからである……。

曰く、この世の粒子はひものような存在で、その端点は大きな膜に張りついている。この膜が私たちの住む宇宙なのである……。

曰く、膜宇宙は高次元宇宙に浮いている。湾曲した高次元宇宙を膜宇宙が運動すると、私たちの宇宙が膨張したり色々したりするのである……。

曰く、高次元宇宙をただよう膜宇宙どうしの衝突がビッグ・バンを生み出す……。

でもその観測的根拠は?

超弦理論のめくるめく帰結は、観測から得られたものではありません。理論の整合性を

超弦理論のファンタスティックな宇宙

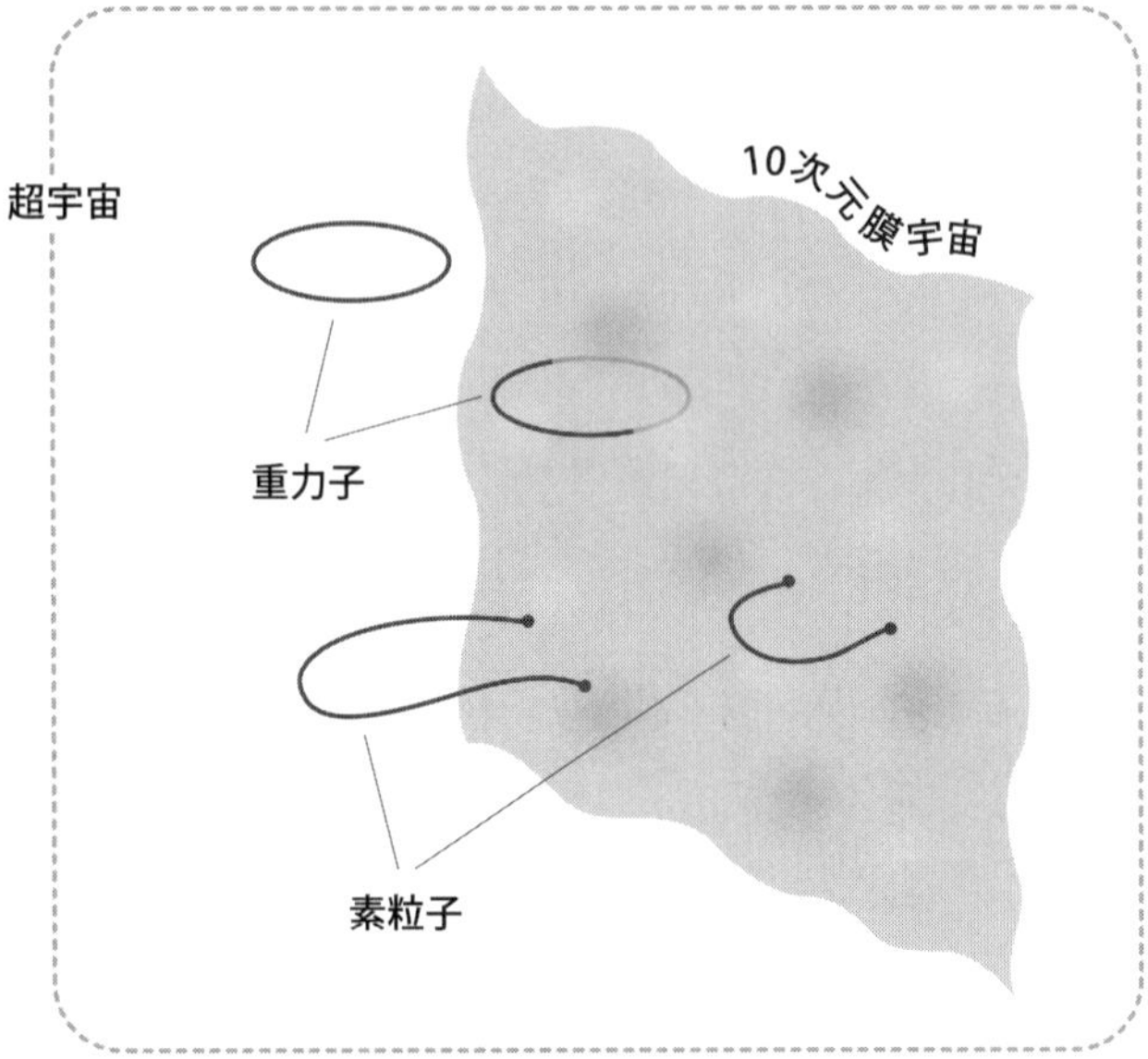

我々の住む 10 次元宇宙は超宇宙をただよう膜。
素粒子はひもで表され、その端点が膜宇宙にくっついている。
重力子は端点のない輪で表される。

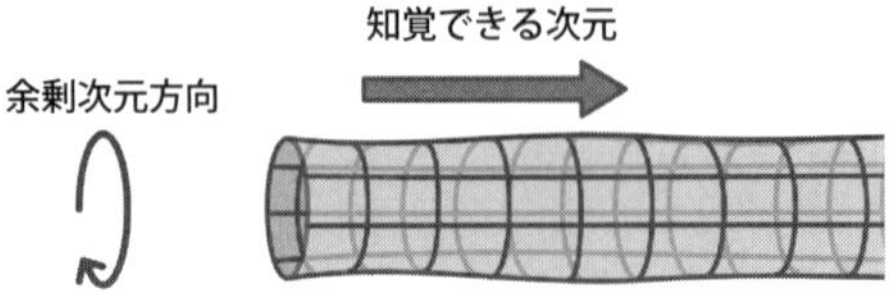

10 次元のうち 6 次元は極小のスケールに丸まっている。
残りの 4 次元のみが我々に知覚できる。

満たすように導かれたものです。

その点、ダーク・マターやダーク・エネルギーと違います。ダーク・マターやダーク・エネルギーもまたその実在を疑う人がいますが、それらは少なくとも観測を説明するために考え出されたものです。ダーク・マターは銀河の重力と通常物質のつじつまを合わせるために必要で、ダーク・エネルギーは宇宙膨張の加速を説明するために提唱されたものです。

もしダーク・マターやダーク・エネルギーが実在しないなら、観測を説明するための別の新しい何か（新粒子や新理論）が必要となります。つまり、いずれにせよ新しい何かが宇宙に必要だということには誰もが同意しています。

一方、超弦理論は観測や実験から要請されたものではありません。超弦理論の予想が正しいかどうか、観測や実験と照らし合わせて確かめるのは、将来の課題です。

科学の進歩にとって残念なことに、超弦理論の予想はとても現在検証できるものではありません。検証に、現在の実験技術を何桁も上回る高エネルギーが必要だったり、超微弱な作用の測定が必要だったりします（検証できない理論だから、ぼろが出ずに生き残っているという意地悪な見方もできます）。

量子重力の不運な時代

筆者は量子重力や超弦理論の専門家ではなく、ここで偉そうに批判するほど理解が深いわけではありません。

量子重力や超弦理論のような最先端素粒子理論を理解するには、専門の数学を何年も学び、その分野の論文を数多く読みこなす修行を積まなければなりません（さらに内情をいうと、筆者が学生のころの印象では、素粒子理論分野は研究者の卵の中でも優秀な人材を引き寄せる傾向があり、まともに競争したら筆者がかなわないような秀才がゴロゴロいました）。

しかし気楽な外野から感想をいわせてもらえば、やはり量子重力理論の発展に必要なのは、量子重力理論の完成をするどく迫る観測データや実験データではないかと感じます。

ニュートンがニュートン力学を構築するとき、そのアイディアが正しいかどうかを厳しくテストしてくれるケプラーの（まとめたティコ・ブラーエの）天体観測データがありました。

アインシュタインが特殊相対論を考え出したとき、光速が観測者の運動によらないという不可解な実験事実がありました。

その10年後に一般相対論を発表したときには、ニュートン力学から外れている水星の運動を説明しようという動機がアインシュタインにはありました。

1925年からの2、3年間、ハイゼンベルクやシュレーディンガーやディラックたちがよってたかって量子力学を完成させたとき、理論化・体系化を待ち望んでいる原子のデータが蓄積されていました。

これらの実験データ、観測データは、当時の理論では原理的に説明できず、新しい理論を天才たちに予感させ、創造させるものでした。

21世紀初めの今、量子重力理論でなければ説明できない観測データはどこにあるのでしょうか。これだ、というものがどうも見当たりません。

量子重力でなければ説明できない観測データは今、私たちの目の前にあるのに、私たちはそれと気づかず、旧理論のパラメータをいじってつじつまを合わせてすませているのでしょうか。あとで天才に教えてもらって、量子重力の効果に気づくのでしょうか。

存在するはずなのに見つからないダーク・マターやダーク・エネルギーは、じつは旧理論の破綻を示しているのでしょうか。

それとも超弦理論の示唆するように、私たちの実験技術が何桁も進歩するまで、そういう破綻は見えてこないのでしょうか。21世紀は、どの量子重力理論が正しいのか判定する観測データのない、不運な時代なのでしょうか。なんともいえません。

世界はどうして理解可能なのか

「世界はどうして理解可能なんだろうね、これがどうも理解できない」
「世界が理解できるってことは、永遠の謎だよ」

というアインシュタインの言葉が残っています。

アインシュタインのいうとおり、数学と科学のタッグによって宇宙を解き明かすことができ、そういうタッグを人間が考案できるということは、よく考えると不思議なことです。

近代科学はほんの400年ほど前にガリレオが創始しました。ガリレオのすぐあと、ニュートンは数学を本格的に科学にもち込み、おかげさまで科学、特に物理学は素人に理解しにくい難解なものになりました。けれども数学で宇宙が理解可能だというきわめて重要な真理を人類は知ったのです。

そして最近ほんの１００年ほどの科学の進展により、この世界についての人類の知識と理解は飛躍的に進み、あまりに進んだので科学の教科書に書かれていることが１００年前と現在とではまったく違ってしまいました。特殊相対論、一般相対論、量子力学、量子電磁力学等々を、20世紀初めの人に教えたら、そんなバカな、常識はずれだ、真理のはずがないといわれることでしょう（けれどもそこに用いられている数学をていねいに教えれば、結局は理解してもらえることでしょう）。

ダークなんとかや量子重力など、未解決の問題をこれまで強調してしまいましたが、そういう謎は科学物理学全体からするとマイノリティです。この１００年で解き明かされた謎のリストは呆然とするほど立派なもので、なんだかあらゆることがもうじき解明されそうな気すらします。リチャード・Ｐ・ファインマン（１９１８～１９８８）は、近い将来物理学は完成してあらゆることを説明し、物理学者のやることは残らないだろうと考えていました。

それが真実かどうかわかりませんが、もし本当だとしたらと考えると、ますます私たちがそのような時代に生きていることは不思議です。地球上の一種族が宇宙を理解するという、これまで35億年間どんな生物にもできなかったこと、過去1万年間の文明が成し遂げられなかったこと、過去400年の近代科学がようやく達成しようとしている瞬間に、私たちは居合わせているのです。

そしてSETIの章での悲観的な推定が正しいなら、宇宙を理解するほどの異星の文明は、近隣の銀河を合わせてもここ地球にしか存在していないのです。空間的にも時間的にも稀有な出来事を私たちは目撃していることになります。

いったいどうして世界は数学と科学で理解可能なのでしょうか。どうして可能になる稀な瞬間に私たちは居合わせているのでしょうか。単なる幸運でしょうか。

誰にも答えられない疑問です。ほんとにどうしてなんでしょうね。

これまで、科学のあつかえる問題、原理的にあつかえない問題、ひょっとしたらあつかえないかもしれないけど今のところ判断がつかない問題などをいくつか紹介しました（科学は大勢が働く巨大な産業なので、全貌を示すことは難しく、どうしてもつまみ食いになってしまいます）。

今私たちが、解けない解けない不思議だ不思議だと唱えている問題の中には、私たちヒトの知性の限界のために将来も解けないものがあるかもしれません。ヒトとよく似ている類人猿の知性を観察すると、そういう気がしてきます。チンパンジーやゴリラやボノボやオランウータンに数学や科学は理解できません。

私たちの知性の限界はどこに引かれているのでしょうか。私たちと科学のつきあいは何年続くか不明ですが、間違いなく有限の期間でしょう。その期間内にどこまで宇宙を明らかにできるでしょうか。これもまた私たちの科学では答えようのない問題です。

科学が放棄されるその日まで、私たちは不思議だ不思議だと唱えつつ、科学でわかる範囲を広げていくことでしょう。

著者略歴

小谷太郎（こたに・たろう）

1967年生まれ。東京大学理学部物理学科卒。博士（理学）。理研、NASAゴダード宇宙飛行センターなどを経て現在早稲田大学研究院講師。

著書に『「元素」のスゴい話 アブない話』（青春出版社）、『宇宙の謎が手に取るようにわかる本』（中経文庫）、『科学者たちはなにを考えてきたか』（ベレ出版）など多数。

物理学《ぶつりがく》、まだこんなに謎《なぞ》がある

2012年4月25日　初版発行

著者	小谷《こたに》 太郎《たろう》
カバーデザイン	B&W+
DTP・図版	DEN KAERUKOVA

発行者	内田 眞吾
発行・発売	ベレ出版 〒162-0832　東京都新宿区岩戸町12 レベッカビル TEL. 03-5225-4790　FAX. 03-5225-4795 ホームページ　http://www.beret.co.jp/ 振替　00180-7-104058
印刷	モリモト印刷株式会社
製本	根本製本株式会社

ISBN 978-4-86064-316-4 C2042　　編集担当　坂東一郎